Ali Algaddafi
Siham Hasan

Melhorar o pâncreas artificial e estudar a diabetes gestacional

Ali Algaddafi
Siham Hasan

Melhorar o pâncreas artificial e estudar a diabetes gestacional

ScienciaScripts

Imprint

Cover image: www.ingimage.com

This book is a translation from the original published under ISBN 978-3-330-34702-1.

Publisher:
Sciencia Scripts
is a trademark of
Dodo Books Indian Ocean Ltd. and OmniScriptum S.R.L publishing group

120 High Road, East Finchley, London, N2 9ED, United Kingdom
Str. Armeneasca 28/1, office 1, Chisinau MD-2012, Republic of Moldova, Europe
Printed at: see last page
ISBN: 978-620-7-73299-9

Índice

Prefácio

Este livro oferece explicações valiosas, extensas e pormenorizadas sobre os desafios e as dificuldades com que se deparam as pessoas com diabetes. Quando era criança, usava óculos devido a um problema de visão, o que me causava problemas durante as sessões desportivas e as competições. Por vezes, quando se partiam, ficava aborrecido e irritado. Mais tarde, depois de me ter licenciado, trabalhei com máquinas e equipamentos pesados, como a reparação de elevadores e dos componentes de refrigeração dos aparelhos de ar condicionado. Enfrentei obstáculos durante o tempo quente até 2003, altura em que fiz uma operação LASIK através de cirurgia laser para corrigir a minha miopia. A partir dessa experiência, sinto agora que tenho alguma compreensão do sofrimento das pessoas com diabetes; por isso, tentei produzir e melhorar o pâncreas artificial, a fim de melhorar a vida quotidiana das pessoas que vivem com diabetes. De 2013 a 2016, desenvolvi um sistema AC Mini-Grid com elevada qualidade de energia, que permite o funcionamento num sistema ligado à rede ou como sistema autónomo. Além disso, o sistema permite a integração de quaisquer fontes de energia e pode melhorar o sistema global, armazenando a energia excedente e libertando-a quando a procura é necessária. O problema da integração de energias renováveis ou de outros recursos energéticos na rede é também resolvido com uma elevada qualidade de energia. Atualmente, sinto que o desenvolvimento do pâncreas artificial parece ser o meu dever como investigador profissional e, desde que me dediquei a este assunto, estou confiante de que o pâncreas artificial estará disponível em breve. No entanto, existem inúmeros desafios que incluem questões técnicas e a aquisição de cobertura de seguro para o pâncreas artificial. Depois, mesmo no caso de uma seguradora garantir o pâncreas artificial, o custo pode revelar-se proibitivo devido ao prémio do seguro e ao preço do pâncreas artificial. Por isso, tentamos aqui melhorar o pâncreas artificial e garantir que é fiável e acessível a doentes de todo o mundo. Este livro está organizado em cinco capítulos, tal como descrito na secção Orientações.

Na minha opinião, as perspectivas de melhoria do pâncreas artificial são prometedoras. Estou confiante de que este livro será bem recebido como um recurso importante para a conceção do pâncreas artificial e fornecerá aos cientistas no domínio da diabetes muitas informações valiosas.

O autor aconselha todos os apaixonados pelo pâncreas artificial e as mulheres grávidas com diabetes gestacional a lerem este livro, uma vez que é considerado um guia importante para a diabetes gestacional.

Ali Algaddafi & Siham Hasan

Prefácio

Quando comecei a escrever este livro, em maio de 2017, tinha sido convidado a escrever sobre a melhoria do pâncreas artificial através da apresentação de um livro ou de artigos de jornal por alguns dos editores interessados no meu trabalho. Publicámos um artigo neste domínio enquanto ganhávamos experiência e ultrapassávamos desafios significativos durante a gravidez da minha mulher, que tinha diabetes gestacional. A diabetes pode ser do tipo 1, do tipo 2 ou gestacional, sendo que a diabetes do tipo 1 não tem cura, enquanto a do tipo 2 pode ser tratada com dieta alimentar e exercício físico e a diabetes gestacional tem um impacto grave no bebé e na mulher grávida.

Por último, gostaria de agradecer a competência do nosso revisor de provas, Damian Barnett, bem como de estender a nossa mais sincera e profunda gratidão a todos aqueles que nos deram conselhos no nosso percurso até esta publicação.

Ali Algaddafi
Siham Hasan

Agradecimentos e Dedicatória

*A diabetes é uma doença crónica que pode causar doenças do sistema nervoso, cegueira e doenças renais. Por conseguinte, é fundamental que os investigadores internacionais combinem os seus conhecimentos para combater e tratar esta doença prevalecente. Gostaria de apresentar algo em benefício da sociedade em geral e do meu sobrinho (Mubarak Saad Algaddafi) em particular, uma vez que ele sofre de diabetes. Além disso, gostaria de apresentar este livro à alma e ao espírito do meu cunhado (**Noor Aladdin Moftah Misbah**), que infelizmente faleceu devido a um caso de hipoglicemia da diabetes. Em seguida, gostaria de agradecer à minha mulher pelo seu amor infinito e pela sua presença tranquilizadora, e por ter consentido nos testes efectuados durante a gravidez. Assim, este livro é dedicado à minha mulher, ao meu sobrinho e à alma do meu cunhado.*

Directrizes

Esta é uma publicação inovadora que considera o aperfeiçoamento do pâncreas artificial. A Universidade de Cambridge afirma ter registado o primeiro parto natural de uma mãe com diabetes, enquanto a Universidade De Montfort, em conjunto com a Renfrew Group International (uma empresa de tecnologia médica), afirma ter inventado um pâncreas artificial com um material de gel polimérico. No entanto, este ainda está a ser submetido a ensaios pré-clínicos.

Considera-se que o nível elevado ou baixo de açúcar no sangue acima do intervalo normal da diabetes pode conduzir a outras doenças graves. A diabetes é uma doença crónica, para a qual não existe cura e as causas da diabetes tipo 1 ainda não foram estabelecidas. Os investigadores e os médicos acreditam que um gene existente em algumas pessoas é a causa mais comum da diabetes tipo 1.

Este livro apresenta as experiências de uma mulher grávida que teve diabetes gestacional durante o período da sua gravidez. Este livro está organizado em cinco capítulos, como se segue. O capítulo um apresenta os antecedentes da diabetes e as motivações deste livro, com o objetivo e os objectivos também apresentados no mesmo capítulo. O capítulo dois apresenta a revisão da literatura e uma nova motivação para abordar a diabetes. O capítulo três demonstra as diferentes fases da modelação do pâncreas artificial, enquanto o capítulo quatro explica o trabalho experimental e os estudos de caso para a diabetes gestacional, que é considerada como uma orientação para as mulheres grávidas com diabetes. Finalmente, o capítulo cinco apresenta as conclusões e o trabalho futuro.

Capítulo 1: Importância deste livro para as pessoas com diabetes e para os projectistas do pâncreas artificial

1.1 Introdução

Este capítulo apresenta os antecedentes da diabetes e a melhor forma de utilizar os nossos conhecimentos para desenvolver um pâncreas artificial. É também necessário explicar as motivações para este livro, seguidas da finalidade e dos objectivos. Isto permitirá ao leitor compreender o impacto da diabetes nas pessoas que sofrem da doença e os diferentes desafios que podem enfrentar. Além disso, na última secção, o leitor será apresentado à estrutura deste livro.

1.2 Resumo do capítulo

Este capítulo apresenta os antecedentes da diabetes como uma doença crónica que se considera aumentar o risco de contrair outras doenças graves. A secção 1.3 introduz os antecedentes deste trabalho, enquanto a secção 1.4 demonstra o processo de metabolismo em indivíduos não diabéticos. A secção 1.5 ilustra o desenvolvimento de um pâncreas artificial. Uma vez que os estudos sobre um pâncreas artificial já existem há cinco anos, é necessário considerar as limitações de um pâncreas artificial, como apresentado na secção 1.6, antes de discutir o objetivo e os objectivos deste livro na secção 1.7. A última secção deste capítulo apresenta a estrutura deste livro.

1.3 Antecedentes

É necessário esclarecer aqui exatamente o que se entende por pâncreas artificial. O pâncreas artificial é um pequeno dispositivo que é utilizado para injetar insulina na corrente sanguínea de um doente com diabetes, a fim de manter os seus níveis de glicose no sangue no intervalo normal observado numa pessoa não diabética. Um pâncreas artificial é, portanto, um dispositivo muito útil para pessoas com diabetes que não gostam de tomar comprimidos ou injecções. Além disso, o pâncreas artificial é útil para as crianças que têm medo de agulhas, uma vez que haverá menos injecções para além da insulina. O pâncreas artificial é mais exato e preciso. Por conseguinte, proporciona uma melhoria no bem-estar das pessoas com diabetes e permite um estilo de vida mais flexível. No entanto, o pâncreas artificial continua a ser um problema difícil devido à complexidade da conceção de um controlo para o dispositivo e às não linearidades do sistema. Além disso, de acordo com Abu-Rmileh [1], a medição do ruído, o atraso no tempo e a elevada variabilidade intra e interpacientes são considerados alguns factores que podem reduzir a eficácia de um pâncreas artificial.

1.4 Processo do Metabolismo numa pessoa não diabética

O organismo decompõe os hidratos de carbono em glicose simples durante o processo de digestão dos alimentos. Depois, este açúcar é absorvido pela corrente sanguínea e transportado pelo corpo através do sistema de vasos sanguíneos, onde a fonte de energia pode ser utilizada para todas as actividades [2]. Durante este processo de digestão, a insulina é libertada pelo pâncreas para o sangue para controlar o nível de açúcar no sangue num intervalo normal entre 4 e 7,8 mmol/L. De um modo geral, o pâncreas e o fígado regulam o nível de açúcar no sangue, sendo que as células beta (células B) do pâncreas produzem a hormona insulina e o fígado retira-a do sangue quando esta é superior a 7,8 mmol/L. Depois, é armazenada como glicogénio e libertada quando necessário. Assim, o nível de açúcar é controlado entre 4,0 e 7,8 mmol/L.

1.5 Desenvolvimento de um pâncreas artificial

O corpo utiliza o açúcar como combustível primário, sendo a glicose oxidada para libertar energia. Este açúcar é medicamente designado por glucose. De acordo com Nasir et al. [3], o processo da glicose numa pessoa não diabética é o seguinte: o açúcar é obtido a partir dos alimentos que foram ingeridos. A hormona insulina é produzida pelo pâncreas, assim como a maior parte dos outros processos químicos na corrente sanguínea. Se o nível de açúcar no sangue subir para além do limite do nível de açúcar, o pâncreas liberta insulina; quando o nível de açúcar no sangue começa a descer abaixo desse limite, o pâncreas deixa de libertar insulina. Além disso, o pâncreas pode produzir glucagon quando o nível de açúcar no sangue desce abaixo do limite. Além disso, o glucagon é produzido pelas células alfa (células α) do pâncreas e a insulina é produzida pelas células B. Em geral, a diabetes pode ser tratada com insulina, sendo as suas origens a insulina animal, a insulina de recombinação e os análogos da insulina [28, 119]. Existe também a Amilina, que é co-secretada com a insulina das células B [4]. A amilina actua para retardar o esvaziamento gástrico e suprime o apetite após uma refeição. Atualmente, a diabetes é considerada como uma patologia grave que deve ser tratada. Por exemplo, de acordo com Schetky et al. [5], 17 milhões de americanos têm diabetes, dos quais apenas um milhão foi diagnosticado. A Organização Mundial de Saúde previu que, em 2025, haverá 300 milhões de pessoas com diabetes em todo o mundo [5], enquanto Abu-Rmileh [1] afirmou que há 366 milhões de pessoas a viver com diabetes em todo o mundo. De acordo com Haidar [6], a diabetes tipo 1 representa 5-15% dos cerca de 366 milhões de diabéticos. **O quadro 1.1** apresenta uma lista dos 10 países com maior incidência de diabetes entre 2011 e 2030 [7]. Verificamos que, em 2011, havia 244 milhões de pessoas com diabetes, enquanto em 2030 haverá 363 milhões de pessoas com diabetes. Trata-se de um aumento de 119 milhões de casos em 19 anos, o que representa um incremento anual de aproximadamente 6,26 milhões de casos acima dos 244 milhões existentes em 2011. Assim, em 2017, esperávamos que houvesse 37,56 milhões de novos casos em relação aos níveis registados em 2011, prevendo-se que o número global fosse de 281,56 milhões de pessoas com diabetes. No entanto, de acordo com a Organização Mundial de Saúde, em 2016 [8] a China tinha cerca de 110 milhões de adultos com diabetes. Por conseguinte, é de esperar que o número de pessoas com diabetes aumente devido às consequências dos principais factores sanitários, sociais e económicos e, consequentemente, são necessárias medidas urgentes para reduzir os riscos associados ao estilo de vida, sendo que uma solução para esta doença é o pâncreas artificial.

Quadro 1.1 Os 10 principais países em 2011 e 2030 no que respeita a pessoas com idades compreendidas entre os 20 e os 79 anos com diabetes.

Posição	**2011**		**2030**	
	País	**Milhões**	**País**	**Milhões**
1	China	90.0	China	129.7
2	Índia	61.3	Índia	101.2
3	Os Estados Unidos da América	23.7	Os Estados Unidos da América	29.6
4	Federação Russa	12.6	Federação Russa	19.6
5	Brasil	12.4	Brasil	16.8
6	Japão	10.7	Japão	16.4
7	México	10.3	México	14.1
8	Bangladesh	8.4	Bangladesh	12.4
9	Egipto	7.3	Egipto	11.8
10	Indonésia	7.3	Indonésia	11.4
Globalmente em 2011:		244 milhões de euros	**Globalmente em 2030:**	363 milhões de euros

O pâncreas artificial tem um monitor de açúcar, que tem uma vida longa, e uma bomba em miniatura, que deve fornecer quantidades exactas e precisas de insulina em resposta ao sinal do monitor de açúcar. Outros elementos incluem uma fonte de alimentação e um regulador para fornecer a interface entre o monitor contínuo de glucose e a bomba de insulina.

Nos últimos anos, os investigadores tentaram desenvolver um pâncreas artificial; no entanto, nenhum deles foi bem sucedido até à data. Por exemplo, o pâncreas artificial apresentado na **Figura 1.1** foi alegadamente lançado em 2016, onde estava a ser testado em seres humanos. No entanto, não era esse o caso na altura em que escrevemos este artigo, em 2017. Depois, em 2014, a Universidade De Montfort descreveu um pâncreas artificial de uma forma perfeita, em que são administradas doses exactas de cada vez, como apresentado em [9]. Joan Taylor confirmou que os ensaios em seres humanos com o pâncreas artificial deveriam começar em 2016, onde o dispositivo tem de ser inserido cirurgicamente e pode ser reabastecido de duas em duas semanas utilizando um tubo que passa através da pele. De acordo com [9], o pâncreas artificial é barato e simples de utilizar. No entanto, pode considerar-se que os dispositivos se revelarão dispendiosos devido ao custo da operação e à necessidade de reabastecimento de duas em duas semanas, não existindo atualmente nenhum seguro disponível a nível mundial para este dispositivo ou qualquer outro pâncreas artificial. Como somos investigadores, o nosso objetivo é desenvolver um pâncreas artificial simples e não cirúrgico que não cause problemas ao doente devido à necessidade de operação e à possibilidade de surgirem complicações graves no futuro.

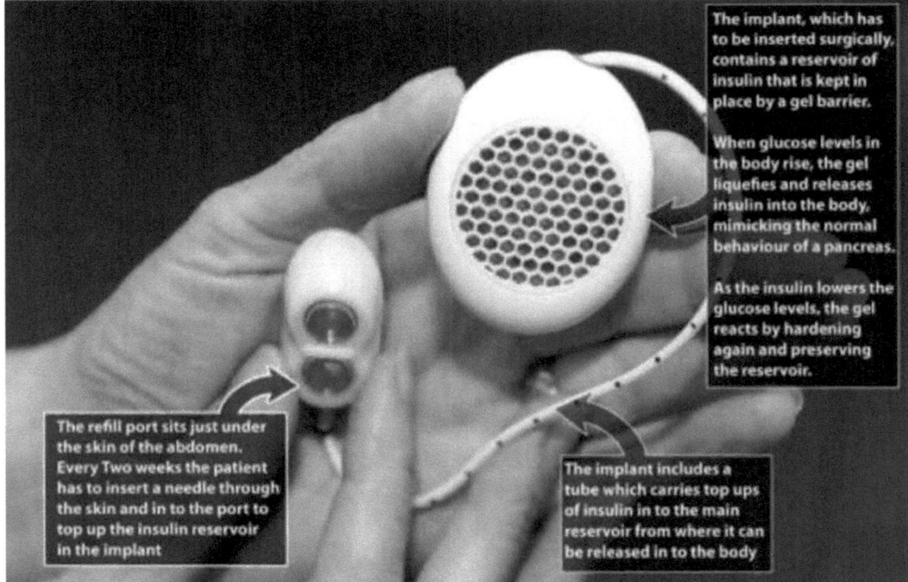

Figura 1.1: Um pâncreas artificial proposto pela Universidade De Montfort.

1.6 Limitações de um pâncreas artificial

Muitas pessoas podem colocar a questão de saber se, desde que o pâncreas artificial foi desenvolvido pela primeira vez no início da década de 1970, quais são as limitações ou os desafios actuais em 2017.

A resposta a este facto é que o pâncreas artificial fabricado pela Biostator em 1970 não era adequado para a portabilidade [10], uma vez que o nível basal de ajuste não era regulado ao longo do dia no pâncreas artificial de conceção inicial. No entanto, o pâncreas artificial contemporâneo é ajustado com taxas basais precisas para a bomba de insulina, embora a quantidade de insulina necessária para manter o nível de açúcar no sangue no nível desejado ainda esteja longe de ser perfeita. O tempo de atraso, especialmente após as refeições, continua a ser um problema; por exemplo, se a bomba de insulina injetar mais insulina no corpo, não existe uma forma eficaz de reduzir este incremento. Outros problemas incluem a duração da bateria e a ligação com dispositivos sem fios, o que pode representar um problema em zonas rurais sem serviço de Internet e em países em desenvolvimento, devido à interrupção da eletricidade, onde podem surgir questões que impedem que o pâncreas artificial seja fiável no contexto mundial. De acordo com [1, 11-13], as técnicas fiáveis de circuito fechado e a disponibilidade de um sensor de açúcar robusto e preciso para o desenvolvimento de um novo pâncreas artificial são os principais desafios que se colocam.

1.7 Finalidade e objectivos

A diabetes é um dos problemas de saúde mais graves no mundo atual, que impõe um encargo significativo aos orçamentos da saúde [1]. Por conseguinte, é importante reduzir os custos e melhorar a qualidade de vida dos pacientes que vivem com diabetes através de técnicas de pâncreas artificial. A comunidade de engenharia biomédica e os investigadores são, portanto, chamados a enfrentar este desafio. Assim, o objetivo deste livro é apresentar os estudos actuais envolvidos na melhoria do pâncreas artificial e outras soluções para a diabetes. Os seguintes objectivos são apresentados para serem alcançados:

1- Tentar compreender a doença da diabetes, uma vez que se trata de uma doença crónica e vitalícia em que a diabetes de tipo 1 é incurável e a diabetes gestacional tem muitas complicações e efeitos graves na gravidez e no bebé.

2- Detetar o nível de açúcar no corpo humano com diabetes, por exemplo através de dispositivos automáticos de monitorização contínua da glicose ou utilizando um teste oral de tolerância à glicose, tal como descrito no capítulo 4, para tratar a diabetes numa fase prematura.

3- Distribuir automaticamente a quantidade necessária de insulina na corrente sanguínea do corpo, de acordo com o nível de açúcar, através do bombeamento de insulina, que é o principal objetivo desta publicação.

4- Finalmente, quando o nível de açúcar estiver estabilizado no nível desejado, a bomba deve parar automaticamente.

5- Descobrir os defeitos do pâncreas artificial o mais cedo possível para evitar complicações e riscos para os doentes - a calibração pode ser necessária em determinadas alturas.

1.8 Estrutura

O resto deste livro está estruturado da seguinte forma, para dar ao leitor algumas noções avançadas do conteúdo de cada capítulo.

O primeiro capítulo introduz o tema desta publicação, com informação de base e o objetivo e metas. O capítulo dois apresenta uma extensa revisão da literatura sobre estudos recentes no domínio da diabetes e do pâncreas artificial para o tratamento desta doença. Também a história da diabetes e o desenvolvimento de tecnologias neste domínio são descritos no mesmo capítulo, juntamente com uma descrição do pâncreas como órgão. O capítulo três demonstra o procedimento e a metodologia para modelar o pâncreas artificial em pormenor, com um novo procedimento para controlar o dispositivo. O capítulo quatro discute o transplante de pâncreas com um estudo de caso de uma mulher grávida com pré-diabetes, sendo este capítulo considerado uma orientação para as mulheres grávidas com pré-diabetes e a forma como o nível de glucose no sangue pode ser mantido dentro dos valores normais durante o período de gravidez. Por outras palavras, este livro apresenta as experiências de uma mulher grávida que teve diabetes gestacional durante o período da sua gravidez. O último capítulo é a conclusão deste livro.

Capítulo 2: Revisão da literatura sobre estudos recentes no domínio do pâncreas artificial

2.1 Introdução

Este capítulo sublinha a importância de um pâncreas artificial para as pessoas com diabetes e o sofrimento que daí advém. O autor decidiu selecionar este projeto porque ainda não existe uma cura para a diabetes. Este capítulo apresenta uma revisão exaustiva da literatura, desde os primórdios históricos da diabetes até ao momento em que foi escrito, em 2017.

2.2 Resumo do capítulo

Este capítulo centra-se numa revisão da literatura sobre a diabetes. Apresentamos críticas construtivas a outros estudos, que vão para além do seu trabalho, sugerindo abordagens em que podem ser introduzidas melhorias e mais desenvolvimento no domínio do pâncreas artificial e da questão da diabetes. A secção 2.3 apresenta a história da diabetes. A secção 2.4 classifica os níveis de glicose no sangue para permitir ao leitor conhecer os diferentes casos de níveis de glicose no sangue, enquanto a secção 2.5 apresenta uma descrição do pâncreas. A secção 2.6 aborda os recentes financiamentos para o tratamento da diabetes, antes de a secção 2.7 ilustrar a regulação da glicose. Existem muitos tipos de diabetes, tal como apresentado na secção 2.8, e as abordagens para tratar estes tipos de diabetes, sempre que possível, são ilustradas na mesma secção. A última secção apresenta um breve resumo do capítulo.

2.3 História da Diabetes

A história da diabetes começa em 1934, quando a doença foi descoberta pela primeira vez por Wells e Lawrence [14]. Em 1936, foi concedida a primeira bolsa de investigação [15, 16] no Reino Unido (RU). Mais tarde, em 1993, foi disponibilizada aos doentes uma linha telefónica de aconselhamento 24 horas por dia [17]. Entretanto, a insulina foi descoberta em 1921, enquanto a monitorização contínua da glucose foi introduzida em 1999. A **Figura 2.1** descreve a história da diabetes e de outras tecnologias para o tratamento da diabetes desde a década de 1920, quando a insulina foi descoberta por Frederick Banting [18], até à década de 2000; enquanto **a Figura 2.2** demonstra a cronologia do desenvolvimento do pâncreas artificial desde 2004 até ao momento da redação do presente documento, em 2017. A inovação e a tecnologia contínuas para desenvolver o pâncreas artificial ainda não foram bem sucedidas, apesar da tentativa da Universidade De Montfort de desenvolver um novo pâncreas artificial baseado em materiais poliméricos em gel [19]. Tanto quanto sabemos a partir das revisões da literatura e dos estudos existentes, a doença da diabetes ainda não tem cura [20]. Por outro lado, pode ser tratada através da dosagem de insulina; no entanto, a sobredosagem de insulina pode levar a uma baixa de glucose no sangue, que tem um efeito imediato e conduz a complicações como convulsões ou morte [16]. Por outro lado, uma dose baixa de insulina pode provocar uma glicemia elevada (hiperglicemia), que tem complicações a longo prazo, como doenças nervosas, cegueira ou doença renal [21]. De acordo com [22], o nível de açúcar no sangue é classificado em quatro casos: hipoglicémia, excelente, hiperglicémia e diabetes. Estes quatro casos são discutidos em maior pormenor na secção 2.4. Muitos investigadores discutiram o impacto da hiperglicemia e da hipoglicemia [23, 24]. Por exemplo, de acordo com [25], quando a concentração de glucose é inferior a 3,0 mmol/L (<54 mg/dl), considera-se que aumenta o risco de hipoglicemia grave, o que não é um caso desejado. Por conseguinte, um pâncreas artificial tem de oferecer um controlo mais rigoroso da glicemia, a fim de facilitar a vida das pessoas com diabetes e reduzir o risco de complicações. Um controlo mais rigoroso do açúcar no sangue continua a ser um desafio, embora alguns investigadores tenham implementado certas abordagens. Um dos desafios pode ser o longo tempo de ação da insulina para uma infusão subcutânea contínua das bombas de insulina, o que pode levar a uma redução do desempenho de um pâncreas artificial. Além disso, e tal como explicado no primeiro capítulo, prevê-se que o número de pessoas diagnosticadas com diabetes possa aumentar para 150 milhões até 2030[16, 26, 27]. Por conseguinte, é necessária uma ação urgente, uma vez que a diabetes conduz frequentemente a outras doenças.

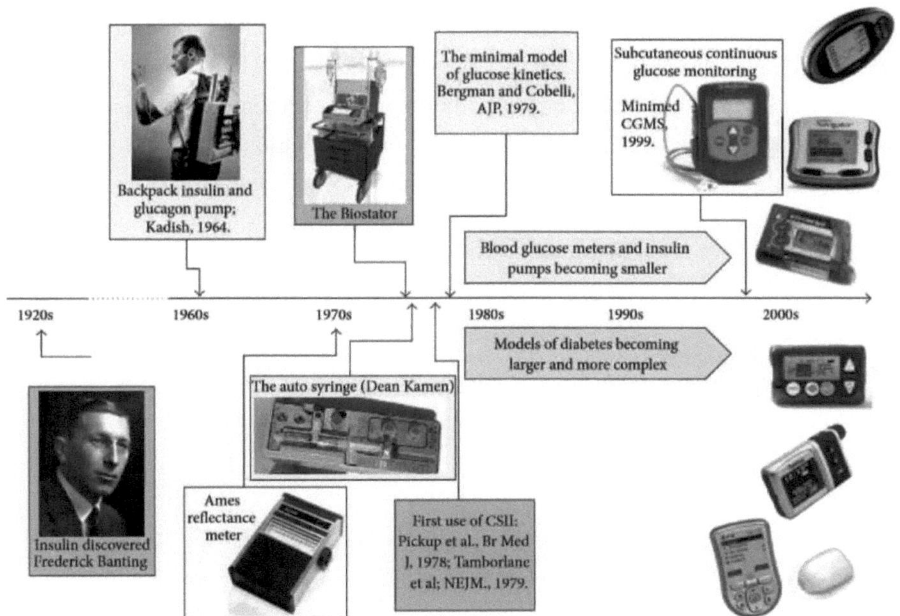

Figura 2.1: História da diabetes e outras tecnologias para tratar a doença.

Um modelo de controlo preditivo e um controlo de modo deslizante foram implementados por Abu-Rmileh [1] para controlar e modelar o pâncreas artificial para doentes com diabetes tipo 1. O algoritmo de dosagem que incluía um controlador preditivo de modelo supervisionado por fuzzy combinado com filtragem de Kalman alargada e um conjunto de regras heurísticas foi implementado por Haidar [6] para modelar e controlar um pâncreas artificial. Embora o procedimento apresentado por Haidar [6] melhore o controlo da glicose e reduza o risco de hipoglicemia, o produtor continua a sofrer de uma queda súbita que pode causar a suspensão ou a entrega insuficiente de insulina. Talvez a desvantagem mais grave da abordagem de Haidar seja o facto de haver muitos pressupostos, tais como fluxos de glicose suaves. Embora os resultados da simulação de um pâncreas artificial como um circuito fechado possam alcançar um controlo glicémico promissor, como foi apresentado por Zavitsanou [28], através da implementação do modelo, otimização e modelação do controlo preditivo da insulina no pâncreas artificial, uma das limitações desta explicação é que não foi testada num doente real. O modelo de um pâncreas artificial desenvolvido por Zavitsanou [28] requer ensaios em doentes reais em vez de um doente virtual devido a várias condições, como a variabilidade do conteúdo das refeições, as refeições saltadas e os horários que podem mudar num cenário de doente real. Por conseguinte, o estudo de Zavitsanou [28] teria sido mais proveitoso se se tivesse centrado nestas várias condições e no seu impacto em doentes reais.

Este livro sugere um método que pode melhorar o desempenho e a eficácia do pâncreas artificial e a avaliação dos possíveis procedimentos para tratar o pâncreas, seja através de transplante de pâncreas ou de pâncreas artificial [16].

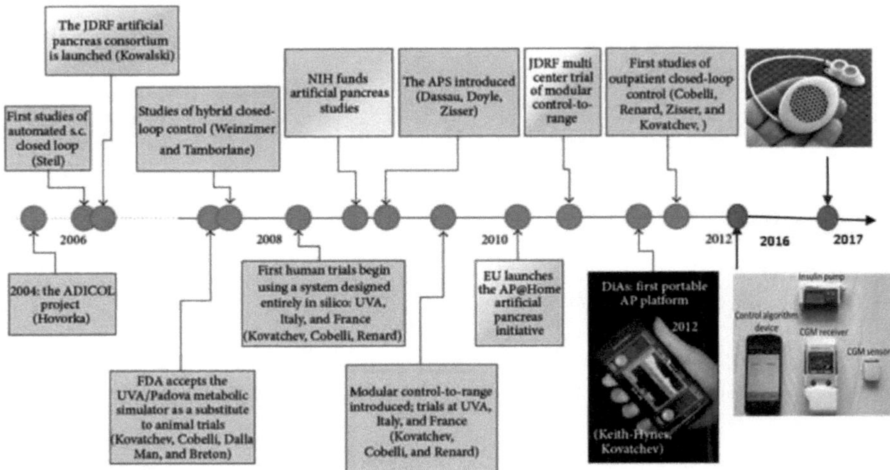

Figura 2.2: Cronologia do desenvolvimento do pâncreas artificial (2004-2017).

Tal como foi referido na secção sobre o desenvolvimento de um pâncreas artificial no primeiro capítulo, o pâncreas artificial foi desenvolvido na Universidade De Montfort [29] em colaboração com o Renfrew Group International, que é uma empresa de tecnologia médica [19]. Taylor [29] argumentou que o custo do tratamento da diabetes e das suas complicações é superior a 1 milhão de libras por hora no Reino Unido. O dispositivo do pâncreas artificial será implantado cirurgicamente no corpo e será capaz de libertar um implante preciso na cavidade peritoneal. Embora o Renfrew Group International [19] e a equipa da Universidade De Montfort tenham testado um pâncreas artificial inteligente num rato, onde este demonstrou uma robustez e uma precisão de dosagem notáveis, o teste em seres humanos reais ainda não foi validado nem a duração do seu sucesso. O pâncreas artificial parece ser de pequenas dimensões, mas talvez a desvantagem mais grave desta abordagem do pâncreas artificial seja o facto de, atualmente, estar apenas em fase de ensaios pré-clínicos. O pâncreas artificial InSmart tem muitas vantagens que incluem a ausência de necessidade de energia e, por conseguinte, de bateria, de dispositivos electrónicos ou de rejeição do enxerto; assim, o risco de rejeição pelo organismo é minimizado, ao mesmo tempo que não existem peças móveis e o custo de fabrico é baixo. No entanto, apesar de todas estas vantagens, o dispositivo ainda precisa de ser recarregado de duas em duas semanas, o que aumenta o custo. Além disso, um dos principais inconvenientes deste método de pâncreas artificial é a operação necessária para o transplante do pâncreas artificial.

Um outro estudo sobre um pâncreas artificial associado a uma insulina inalada de ação ultra-rápida foi apresentado no santuário californiano do Instituto de Investigação da Diabetes. O método é muito simples, pois o doente tem de carregar o dispositivo inalador e tomar a insulina. No entanto, este método apenas ajuda a colocar a insulina de forma rápida e segura na corrente sanguínea.

2.4 Classificação dos níveis de açúcar no sangue

O nível de glucose no sangue é classificado em quatro categorias. Entre estas categorias encontra-se a diabetes de tipo 1, conhecida como diabetes mellitus. Trata-se de uma doença crónica, o que significa que é necessário um tratamento a longo prazo, uma vez que o organismo não produz insulina suficiente. Uma vez que o nível de glucose no sangue está associado à insulina, é importante definir aqui a insulina, que é uma substância química produzida pelo pâncreas e utilizada para regular o nível de glucose no sangue no corpo dentro do intervalo normal entre 4 e 7,8 mmol/L [30].

A Figura 2.3 mostra os diferentes casos de nível de açúcar no sangue, que estão divididos em quatro casos. A hipoglicemia é um caso em que a glicose no sangue é baixa e tem um efeito grave, especialmente nas crianças quando estão a dormir [31]. De facto, a hipoglicemia tem consequências devastadoras nas crianças, como descrito em [32]. O segundo caso está na zona verde, que é anteriormente referido como excelente, que é recomendado, enquanto os outros casos são hiperglicémia e diabetes. O objetivo é reduzir a diabetes e evitar que o nível de açúcar atinja estes níveis, uma vez que podem ocorrer complicações graves.

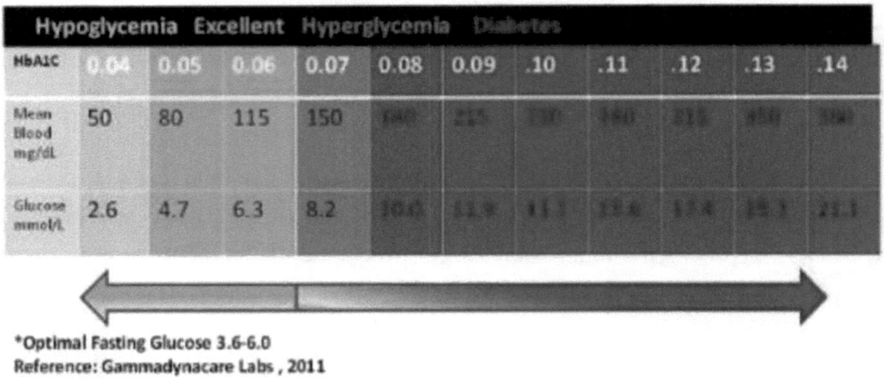

Hypoglycemia Excellent Hyperglycemia Diabetes

HbA1C	0.04	0.05	0.06	0.07	0.08	0.09	.10	.11	.12	.13	.14
Mean Blood mg/dL	50	80	115	150	[illegible]	[illegible]	[illegible]	[illegible]	[illegible]	[illegible]	[illegible]
Glucose mmol/L	2.6	4.7	6.3	8.2	[illegible]	[illegible]	[illegible]	[illegible]	[illegible]	[illegible]	[illegible]

*Optimal Fasting Glucose 3.6-6.0
Reference: Gammadynacare Labs , 2011

Figura 2.3: Casos diferentes para o nível de açúcar no sangue e o nível ótimo de açúcar em jejum.

Enquanto o nível de açúcar no sangue é classificado em quatro casos, como mencionado em [33], o intervalo do nível de açúcar pode ser classificado em cinco faixas, como se segue:

1. <70 [mg/dl] (hipoglicemia). A hipoglicemia é uma condição em que a glicose no sangue é inferior ao intervalo normal do nível de glicose no sangue [30]. A hipoglicemia caracteriza-se por um nível de resposta que se deteriora rapidamente quando o nível de glicose no sangue desce abaixo do normal. Pode ocorrer devido ao facto de o doente não ter feito uma refeição ou ter feito demasiado exercício. As técnicas de prevenção e deteção da hipoglicemia foram apresentadas por Abu-Rmileh [1]. A hipoglicemia pode ser tratada dando ao doente alimentos ou bebidas açucaradas e deixando-o descansar até começar a sentir-se melhor [30]. Além disso, o doente pode receber gel de glucose ou 10 g de glucose, como um copo de 100 ml de bebida gaseificada não dietética ou sumo de fruta, duas colheres de chá de açúcar ou produtos de confeitaria açucarados.
2. 70-120 [mg/dl] (normoglicemia). A normoglicemia é um estado desejável ou normal, que é semelhante a 4-7,8 mmol/L no sistema britânico.
3. 120-180 [mg/dl] (normoglicemia elevada). A normoglicemia elevada pode ser referida como pré-diabetes, em que o doente precisa de ter cuidado com a sua dieta para evitar que o nível de glucose no sangue evolua para o domínio da diabetes.
4. 180-300 [mg/dl] (hiperglicemia). A hiperglicemia é uma condição em que a glucose no sangue é superior ao intervalo normal [30]. A hiperglicemia pode causar perda de consciência (coma diabético), o que requer tratamento urgente

no hospital [30].

5. >*300* [mg/dl] (hiperglicemia aguda). A hiperglicemia aguda tem complicações graves e é considerada uma emergência médica.

Este sistema de classificação necessita ainda de mais informação e definição, com alterações em algumas terminologias.

2.5 Descrição do pâncreas

O pâncreas é um órgão do corpo humano responsável pela produção e regulação das hormonas insulina e glucagon. Trata-se de um sistema completo, em que consegue controlar os níveis da hormona insulina para manter os objectivos de glicemia abaixo de 7,8 mmol/L e da hormona glucagon para manter o nível de glicemia acima de 4 mmol/L para evitar a hipoglicemia. O pâncreas é apresentado na **Figura 2.4**. O pâncreas desempenha um papel essencial na conversão dos alimentos ingeridos em combustível para as células do corpo, contendo células B que são responsáveis pela produção de insulina para o corpo [34, 35]. Mas, qual é o nível ideal de glicose/açúcar no sangue? Este pode variar ao longo do dia. Para uma pessoa sem diabetes, também conhecida como uma pessoa não diabética, com um nível de açúcar no sangue em jejum ao acordar, este deve ser inferior a 100 mg/dl (ver secção 4.4). No entanto, antes das refeições, os níveis normais de açúcar situam-se entre 70 e 99 mg/dl. Os açúcares "pós-prandiais" podem demorar uma a duas horas após as refeições a estarem prontos para serem medidos, devendo ser inferiores a 140 mg/dl (≅ 7.8mmo/y_{i)} [36].

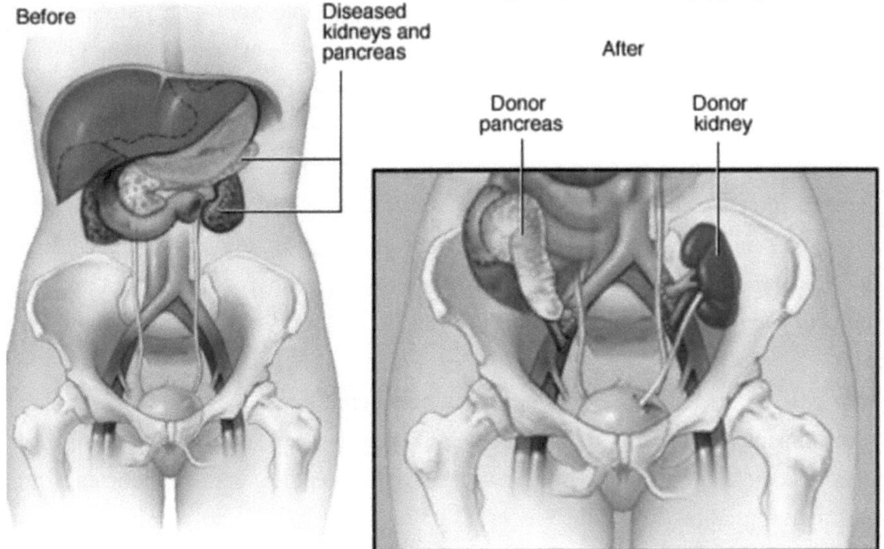

Figura 2.4: Transplante de pâncreas.

Verificamos que a diabetes é uma doença crónica que tem muitas complicações. Por conseguinte, há uma série de organizações que se ocupam desta doença, incluindo as empresas doadoras ou as organizações oficiais onde estão estabelecidas. A secção seguinte apresenta alguns exemplos destas organizações.

2.6 Exemplos de projectos de financiamento recentes

A diabetes tem muitas complicações, como doenças cardíacas, perda de visão, doenças renais, amputações dos membros inferiores e morte. Por conseguinte, algumas organizações têm financiado a investigação sobre a diabetes desde 1936, tendo uma instituição de caridade concedido, em 2017, 58 500 libras esterlinas para uma nova bolsa de doutoramento [37]. Por exemplo, em 2013, a JDRF, uma organização global líder no financiamento da diabetes tipo I, patrocinou investigação científica no valor de 530 milhões de dólares. Esta ação ajudou a reduzir a incidência de hiperglicemia e hipoglicemia, sendo que ambos os casos representam um risco significativo para os seres humanos com diabetes. Outro projeto relativo à diabetes está a ser financiado pela Universidade de Leicester. Este projeto envolve a análise de conjuntos de dados existentes para explorar a relação entre o ambiente local do bairro, a saúde física e a saúde mental [38]. O primeiro objetivo é o ambiente local do bairro, onde uma variedade de alimentos transformados pode estar facilmente acessível; o consumo de alimentos transformados tem de ser reduzido e evitado, uma vez que tem um impacto negativo na saúde das populações.

A questão de investigação para este projeto é a seguinte Será que o ambiente do bairro tem um impacto significativo nos comportamentos e na saúde da população local? Esta é uma lacuna da investigação, mas não é clara e necessita de mais investigação. Esta investigação pode incluir a modelação do risco futuro de resultados adversos para a saúde com base no teste do efeito do ambiente sobre a eficácia das intervenções no estilo de vida. Além disso, os diferentes ambientes étnicos podem ter influência na saúde. Por conseguinte, este aspeto será explorado durante o período de estudo. Por conseguinte, este projeto visa desenvolver um novo método para prevenir e tratar a doença metabólica da diabetes, a fim de melhorar a saúde da comunidade global.

Com base na noção acima referida, os autores acreditam que a variedade da dieta tem um impacto significativo na diabetes. Por isso, dois ou mais países foram comparados com as percentagens de pessoas com diabetes. Em geral, a diabetes é uma doença que surge quando o pâncreas está disfuncional, não sendo possível injetar a hormona insulina na corrente sanguínea do corpo.

De acordo com o New Hampshire Department of Health and Human Services, 6,8%

dos adultos em New Hampshire têm diabetes [39], enquanto no Reino Unido Birmingham tem a taxa de diabetes mais elevada, com 9,3% da população, segundo Varma [40]. Em geral, 6% dos adultos no Reino Unido têm diabetes [41]. Nos países árabes e do Norte de África, como Marrocos, Argélia, Tunísia, Líbia, Egipto, etc., os níveis de diabetes situavam-se entre 10% e 20% em 2013. No entanto, a diabetes nas zonas rurais era menos comum do que nas zonas urbanas. Este é um bom sinal para validar o estudo proposto pela Universidade de Leicester [38]. Pode notar-se que a percentagem de diabéticos no Reino Unido e nos EUA é praticamente a mesma devido à semelhança das dietas. No entanto, nas zonas rurais dos países árabes, a incidência da diabetes é menor do que nas zonas urbanas, o que pode dever-se à reduzida disponibilidade de alimentos transformados.

Em 2017, de acordo com [42], foram atribuídas anualmente bolsas de estudo a investigadores doutorados no domínio da investigação relacionada com a diabetes, com o objetivo de ajudar uma nova geração a construir carreiras na investigação da diabetes. O estudante de doutoramento receberá formação em investigação sobre a diabetes num ambiente de apoio e, em termos financeiros, será apoiado durante três anos. A bolsa oferecida a um estudante durante um período de três anos de estudo é apresentada no **Quadro 2.1**.

Quadro 2.1 A bolsa oferecida aos estudantes (com início em outubro de 2018) como exemplo de financiamento da investigação no domínio da diabetes.

Ano	Bolsa - Londres	Bolsa - Fora de Londres
Ano 1	£19,000	£17,000
Ano 2	£19,500	£17,500
Ano 3	£20,000	£18,000

Não só a bolsa e as propinas são pagas pela Diabetes UK, mas também os materiais e consumíveis (que não devem exceder £10.000 por ano) e as viagens e inscrições em conferências. Isto é muito importante para que os estudantes possam desenvolver as suas competências e ajudar a combater a diabetes. Além disso, existe concorrência, o que significa que apenas serão seleccionadas propostas de investigação sólidas. Existem outras fontes de financiamento; por exemplo, de acordo com [43], o seu estudo recebeu um financiamento do programa Exalt da UE de cerca de 6 milhões de euros. Esta investigação visa encontrar uma cura para a diabetes tipo 1, enquanto o projeto de pâncreas artificial da Universidade De Montfort recebeu um financiamento de 1 milhão de libras do Serviço Nacional de Saúde (NHS) [29].

2.7 Regulação da glucose

O metabolismo da glucose e as complicações da diabetes foram discutidos pelos autores em [1, 44, 45]. Um ou mais átomos da molécula de glucose, como se mostra na **Figura 2.5**, são transformados em marcadores isotópicos de glucose, que são utilizados em estudos do metabolismo da glucose humana para estimar os fluxos de glucose.

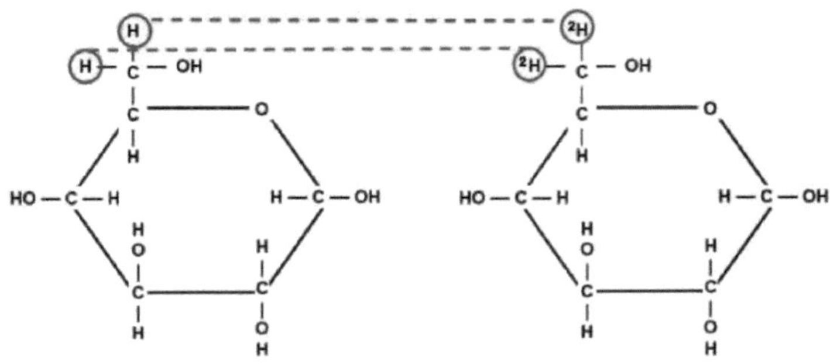

Glucose molecule [6,6-$^2H_2$]glucose molecule

Figura 2.5: Exemplo de substituição de dois átomos de prótio por deutério para a molécula de glucose e o traçador de glucose, como apresentado por Abu-Rmileh [1].

Como já foi explicado, a glucose é utilizada no corpo humano como fonte primária de energia, sendo as moléculas de glucose decompostas na corrente sanguínea, como mostra a **Figura 2.6** [1, 13]. Por isso, é importante manter os níveis de açúcar no sangue numa constante de 4-7,8 mmol/L.

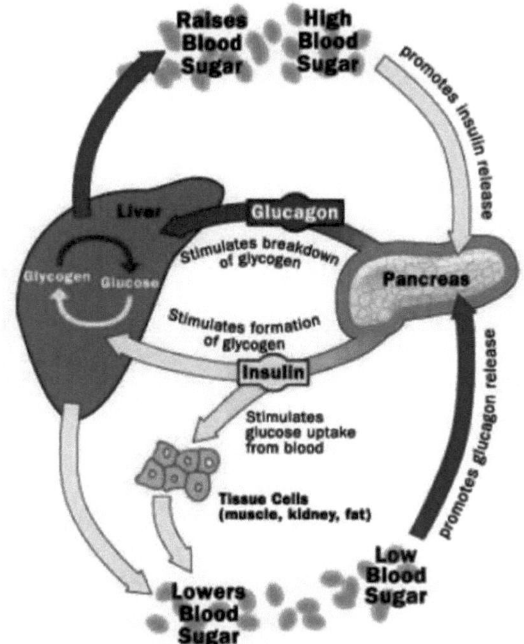

Figura 2.6: Diagrama do feedback no controlo do açúcar no sangue.

As hormonas insulina e glucagon são responsáveis pelos níveis de açúcar no sangue, sendo que as células Beta (células B) segregam insulina, enquanto o glucagon é segregado pelas células Alfa (células α). De acordo com Abu-Rmileh [1], a secreção de insulina em jejum é inibida, enquanto as células α do pâncreas respondem com a secreção de glucagon.

É importante descrever os componentes do sangue, uma vez que o nível de açúcar é investigado neste livro. Os componentes do sangue são os glóbulos vermelhos, os glóbulos brancos e as plaquetas. Estes três componentes formam cerca de 45% do volume de sangue, enquanto o plasma compreende aproximadamente 55%, como mostra a **Figura 2.7**. De acordo com a Cruz Vermelha Americana [46], os glóbulos vermelhos transportam o oxigénio dos pulmões para os tecidos do corpo e levam o dióxido de carbono de volta para os pulmões para ser exalado, enquanto as plaquetas são responsáveis pela coagulação para parar ou prevenir a hemorragia durante uma ferida ou lesão.

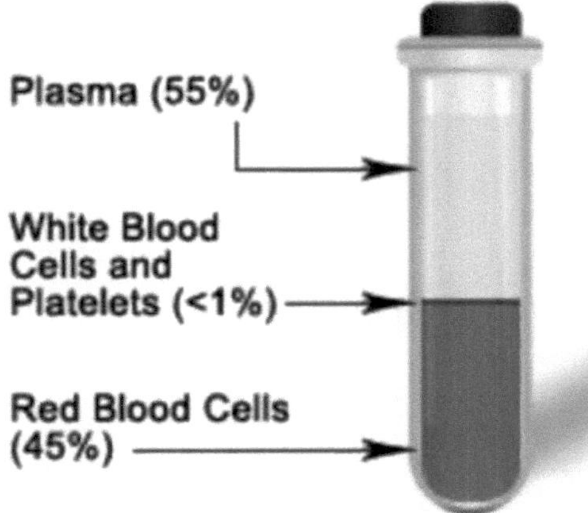

Figura 2.7: Componentes do sangue.

O plasma no sangue humano, que é composto por 92% de água, mantém uma pressão e um volume sanguíneos satisfatórios para fornecer proteínas essenciais para a coagulação do sangue, a imunidade e a troca de minerais vitais e assegurar um PH (ácido-base) correto no corpo [46].

O leitor deste livro deve estar familiarizado com o sangue para se aperceber da diversidade da terminologia associada, como teste de glicose no plasma em jejum, etc. Por conseguinte, quando mencionamos a análise do nível de açúcar no sangue, referimo-nos a esta análise.

De facto, tentamos manter as árvores e as plantas à volta das nossas cidades para que, à noite, como produto metabólico da respiração, as árvores possam absorver o dióxido de carbono e produzir oxigénio. A fotossíntese e o produto metabólico da respiração foram descritos por autores em [47, 48]. Assim, as árvores e as plantas reduzem o dióxido de carbono no ambiente e promovem a vida. Os investigadores e cientistas tentam regularmente desenvolver novas fontes de energia para os transportes e para gerar eletricidade, a fim de reduzir os níveis de dióxido de carbono. Além disso, enquanto investigadores, devemos colaborar para reduzir o impacto do aquecimento global e criar novas inovações para doenças actuais como a diabetes e o cancro. Acreditamos que quando a investigação global coopera, podem ocorrer grandes progressos no tratamento da diabetes. Quando vemos um doente que sofre de cancro em fase terminal, os médicos apercebem-se de que o doente pode viver mais 12 a 18 meses; no entanto, todos os investigadores, incluindo os médicos, são incapazes de prevenir o cancro, tal como apresentado em [49]. Esta é uma realidade e, quando olhamos para o pormenor, verificamos que os investigadores com pessoal médico inovador produzem boa investigação e tecnologia que diagnostica doenças crónicas como o cancro ou a diabetes, e têm plena consciência do tempo que leva a destruir a vida do doente.

Isto faz sentido do ponto de vista científico, mas é-lhes exigido que utilizem os seus conhecimentos e os incorporem globalmente para identificar tratamentos para estas doenças. Enquanto investigadores, não cessaremos a nossa investigação neste domínio enquanto não forem encontradas soluções adequadas para os doentes. Relativamente à diabetes, esperamos que seja revelada uma solução até ao final de 2017.

Precisamos de investigação contínua para resolver os problemas de doença em todo o mundo e, assim, melhorar o bem-estar das nossas comunidades. Por exemplo, existe um exame oftalmológico que utiliza uma aplicação para smartphone chamada Peek e que pode evitar que milhões de pessoas fiquem cegas, tal como descrito por Andrew Astawrous [50]. Trata-se de uma nova invenção que produziu uma solução valiosa não só para o seu país, o Quénia, mas também para os países mais pobres do mundo. Esta inovação é o que nos fascina e nos dá a força para utilizar a tecnologia existente em conceção de controlo e eletrónica de potência, com os antecedentes da máquina e do processador de sinal digital, para desenvolver um novo pâncreas artificial neste domínio para curar a diabetes e outras doenças evitáveis.

2.8 Tipo de diabetes

É importante conhecer o tipo de diabetes para obter o tratamento adequado e evitar erros de diagnóstico médico. A diabetes pode ocorrer devido à herança de uma mutação genética de um dos pais. Embora existam muitos tipos de diabetes, há dois tipos comuns que são o tipo 1 e o tipo 2. O tipo 1 refere-se a uma falta total de insulina, enquanto o tipo 2 se refere a uma insuficiência de insulina que não pode ser afetada. A diabetes tipo 1 é designada por diabetes de início juvenil ou insulino-dependente, em que o sistema imunitário destrói as células beta que produzem a insulina. Não pode ser prevenida. A diabetes tipo 2 é designada por diabetes de início na idade adulta ou não insulino-dependente, está associada à resistência à insulina e pode ser prevenida. Para além disso, existe outro tipo de diabetes que ocorre durante a gravidez e que se designa por diabetes gestacional. A diabetes juvenil de início na maturidade (MODY) é outro tipo de diabetes, juntamente com a diabetes autoimune latente em adultos (LADA) [51]. Um fluxograma dos vários tipos de diabetes é apresentado na **Figura 2.8**.

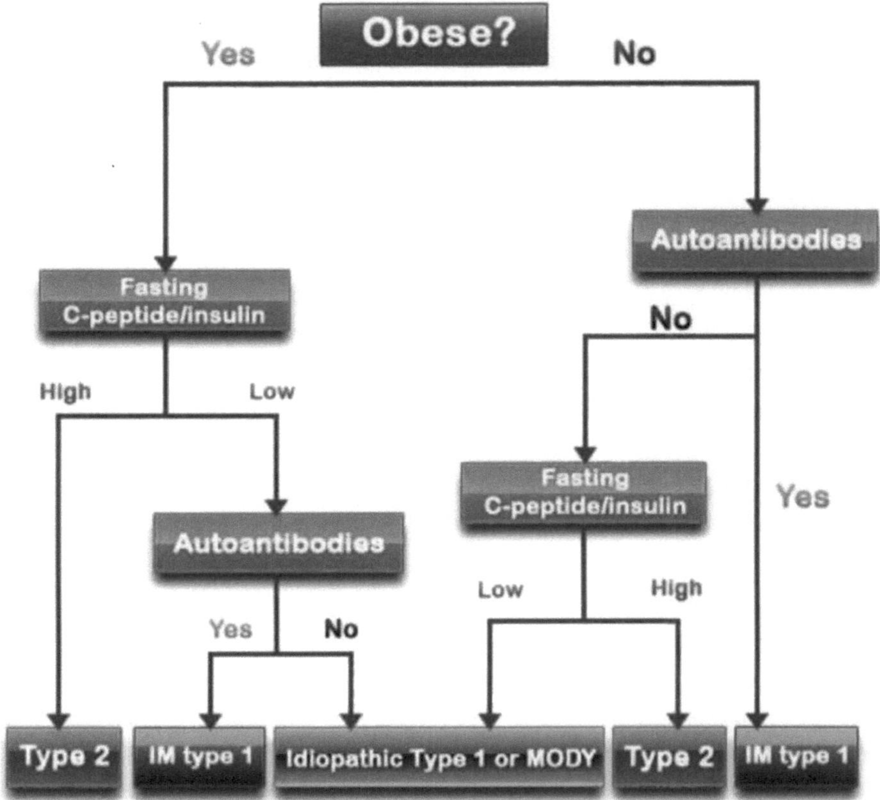

Figura 2.8: Fluxograma dos tipos de diabetes.

De acordo com [52], 3 milhões de pessoas no Reino Unido têm diabetes, 90% das quais têm diabetes de tipo 2, e apenas 20 000 crianças com menos de 15 anos têm diabetes de tipo 2.

Diabetes tipo 1

A diabetes tipo 1 representa 10-15% do número total de pessoas com diabetes. O tipo 1 é designado por diabetes dependente de insulina ou diabetes juvenil.
A diabetes tipo 1 pode ser causada pela destruição das células beta, o que geralmente leva a uma deficiência absoluta de insulina [53]. O sistema imunitário do corpo ataca as células beta produtoras de insulina no pâncreas e o corpo deixa de ser capaz de produzir insulina e glucose.

É importante considerar a incidência da diabetes tipo 1 a nível mundial, como mostra a **Figura 2.9**. Uma possível explicação para estes resultados pode ser a falta de informação adequada ou a existência de fontes desactualizadas; assim, na **Figura**

2.10 apresenta-se um relatório recente sobre a diabetes tipo 1 a nível internacional, específico por idade.

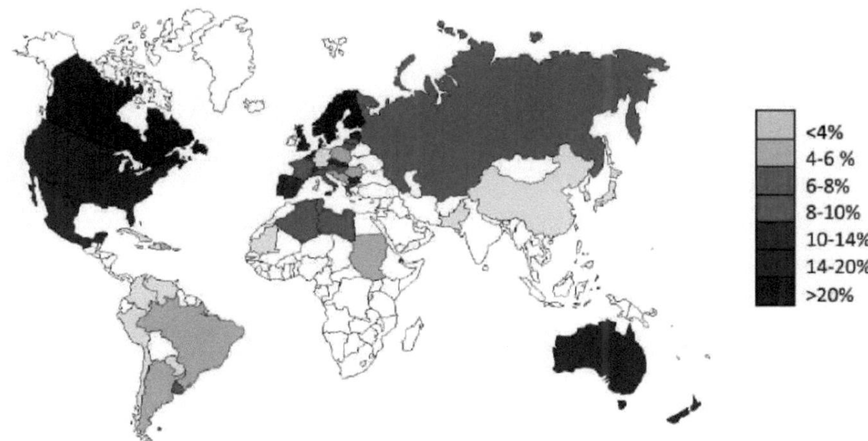

Figura 2.9: Incidência da diabetes tipo 1 a nível mundial [28].

A diabetes tipo 1 não tem cura, como já foi referido. É por esta razão que a maioria dos investigadores e cientistas se concentra neste tipo de diabetes.

Figura 2.10: Incidência específica por idade da diabetes tipo 1 [54].

Diabetes tipo 2

A diabetes tipo 2 afecta cerca de 90% do número total de pessoas com diabetes.

A diabetes tipo 2 é designada por diabetes não insulino-dependente.

Tratamento da diabetes tipo 2

A diabetes tipo 2 pode ser tratada com exercício físico, como caminhar ou fazer jogging, e também pode ser tratada apenas com dieta. Por vezes, a diabetes tipo 2 é tratada com medicação oral; no entanto, se esta não for suficiente para reduzir o nível de glicose no sangue, é necessária a injeção de insulina para o tratamento.

Diabetes gestacional

Este tipo de diabetes é comum nas mulheres grávidas. Esta diabetes será apresentada em pormenor com diferentes experiências no capítulo 4, uma vez que tem um efeito grave tanto nas mulheres grávidas como nos seus fetos.

De acordo com Pal [55], se um pâncreas artificial fosse simular ao máximo o pâncreas endócrino natural, então a insulina e a amilina deveriam ser usadas no início do ciclo da insulina e o glucagon deveria ser utilizado no final do ciclo da insulina. Isto implica que, atualmente, o pâncreas artificial é utilizado sem glucagon, o que ainda não é conhecido.

2.9 Resumo

Em geral, a diabetes de tipo 1 requer um tratamento com insulina durante toda a vida. Por conseguinte, o pâncreas artificial poderia garantir a segurança dos doentes com um impacto mínimo na sua qualidade de vida. Este capítulo apresenta uma revisão da literatura sobre a diabetes, com a história da doença e a inovação das tecnologias apresentadas em pormenor. Além disso, são abordadas várias organizações que ajudam a financiar investigadores e a apoiar cientistas no domínio da diabetes, a fim de desenvolver novos procedimentos para o tratamento da doença. Vale a pena referir que a diabetes é uma doença crónica e que, até à data, não existe cura. No entanto, espera-se que até ao final de 2017 exista um pâncreas artificial, que estará disponível no mercado em 2018, altura em que algumas seguradoras poderão oferecer cobertura para o dispositivo. Para concluir, este capítulo analisou o pâncreas artificial de diferentes perspectivas. O próximo capítulo aborda a modelização de um pâncreas artificial e diferentes melhorias, como a melhoria das estratégias de controlo e o aumento da carga da bateria, etc.

Capítulo 3: Proposta de uma nova abordagem para melhorar o pâncreas artificial

3.1 Introdução

O baixo nível de açúcar no sangue tem um efeito em série que pode levar a convulsões, coma ou morte. Além disso, um nível elevado de glicose no sangue conduz a certas complicações. Embora saibamos que o pâncreas artificial existe desde 2012, estes estudos ainda estão num período experimental. Por conseguinte, neste capítulo, propomos uma nova abordagem para melhorar o pâncreas artificial. Como explicado anteriormente, o pâncreas artificial é um sistema de controlo automatizado que é utilizado para controlar o nível de glicose no sangue para que este se mantenha dentro do intervalo normal de 4-7,8 mmol/L. Este capítulo está organizado conforme descrito na secção 3.2.

3.2 Resumo do capítulo

Este capítulo foi organizado nas secções seguintes. A secção 3.3 discute o recente pâncreas artificial que poderá em breve estar disponível no mercado, enquanto a secção 3.4 apresenta o procedimento alternativo para o tratamento da diabetes, tal como implementado por um grupo de investigação da Universidade De Montfort. As metodologias existentes para tratar a diabetes através do pâncreas artificial ou do transplante de um dador são discutidas na secção 3.5. As contribuições deste livro são depois apresentadas nas secções 3.6 - 3.9 . A última secção apresenta a conclusão deste capítulo e descreve os resultados deste estudo, com algumas implicações importantes para a prática futura. Uma vez descrita a estrutura deste capítulo, a secção seguinte analisa a recente inovação do pâncreas artificial.

3.3 Pâncreas Artificial Portátil Recente

É opinião generalizada que o pâncreas artificial é constituído por um sensor de glicose, uma bomba de insulina e um algoritmo de controlo para calcular a dose de insulina necessária. Este controlo é um desafio. Em termos simples, é utilizado para a ligação entre o sensor e a bomba de insulina. O pâncreas artificial tem o potencial de reduzir a gravidade da diabetes e as suas complicações [1, 56]. Assim, a qualidade de vida de um doente com diabetes será melhorada.

Nos últimos anos, verificámos que surgiram alguns dispositivos de pâncreas artificial que podem ser atractivos para as pessoas com diabetes. Há empresas que produzem pâncreas artificiais portáteis; por exemplo, a Lilly investiu 5 milhões de dólares, pelo que este é um bom dispositivo a ter em conta neste estudo. Porque um pâncreas biónico totalmente integrado pode transportar o metabolismo da glicose no bolso do doente.

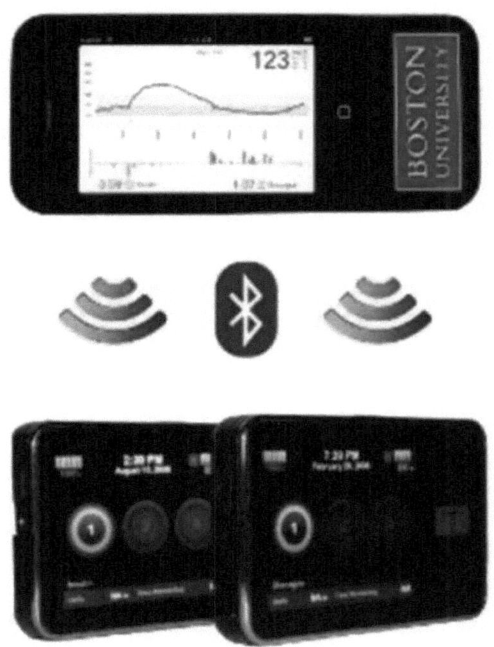

Figura 3.1: O dispositivo iLet da Beta Bionics [54].

A Beta Bionics está a desenvolver o pâncreas biónico, em que os três elementos do pâncreas artificial serão integrados num único dispositivo médico [57, 58], denominado iLet e apresentado nas **figuras 3.1** e **3.2**

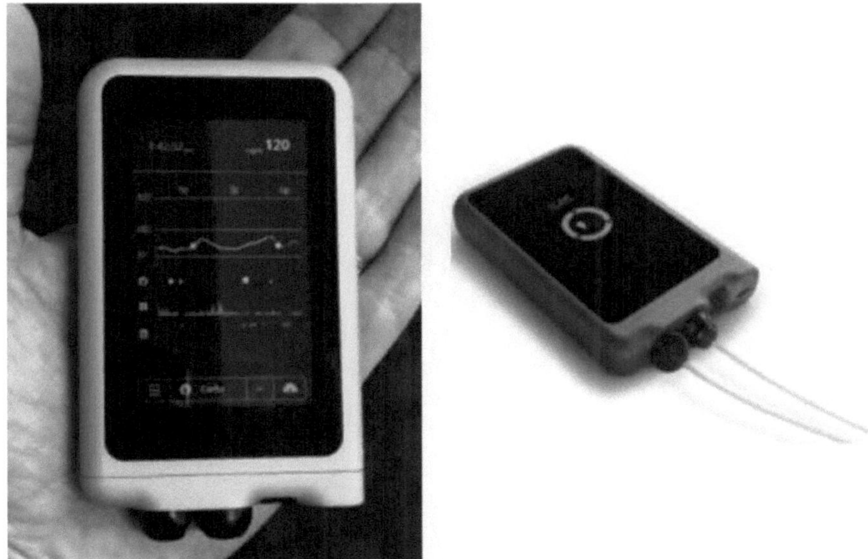

Figura 3.2: O dispositivo iLet a ser lançado pela Beta Bionics.

Embora esteja previsto que o pâncreas iLet da Beta Bionic esteja disponível no final de 2018, só será lançado com insulina. Talvez este dispositivo devesse ser modificado para integrar glucagon, a fim de evitar a hipoglicemia, especialmente para as crianças durante o período noturno.

É de salientar que o dispositivo iLet consiste numa bomba de câmara dupla que inclui insulina e glucagon. De acordo com [57], uma interface de utilizador concebida pela Tidepool e a integração das estratégias de controlo que recebem informações de monitorização contínua da glicose de um sensor Dexcom usado separadamente estão todas integradas num sistema, que é um iLet 3 de terceira geração que será incluído nos próximos ensaios clínicos.

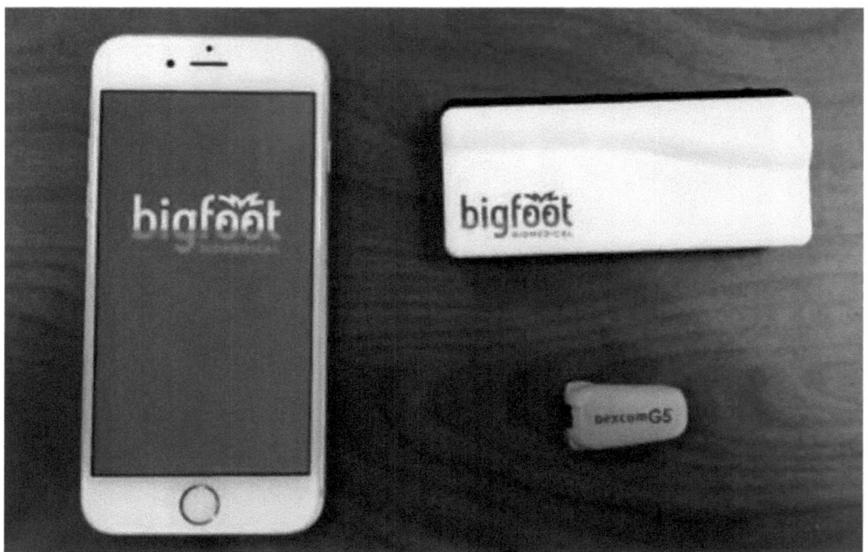

Figura 3.3: O pâncreas artificial do Bigfoot [54].

A figura 3.3 mostra os dispositivos da Bigfoot Biomedical que se dedicam à conceção de soluções mais simples, mais seguras e mais eficazes para as pessoas com diabetes que necessitam de insulina. Mas, até à data, não está disponível no mercado.

3.3.1 *Bombas de insulina*

As bombas de insulina podem ser definidas como uma bomba eletromecânica portátil que infunde insulina de ação curta no tecido do doente a taxas basais pré-seleccionadas [59, 60]. Essencialmente, a bomba é um pequeno dispositivo do tamanho de um maço de cartas que é amarrado ao corpo do doente [30]. A bomba aumentada por sensores é uma bomba de insulina integrada com monitorização contínua da glicose, tal como descrito na secção anterior. Há muitas empresas que integraram a monitorização contínua da glicose numa bomba de insulina, como o sistema 530G, 630 G e 670 G da Medtronic MiniMed. Por exemplo, a bomba de insulina Medtronic MiniMed 670 G é combinada com o sensor CGM Guardian 3 [59], mas não está disponível no mercado no momento em que este artigo foi escrito. Os algoritmos de controlo são simplesmente uma investigação sobre a estimativa óptima das doses de insulina basal e em bolus no pâncreas artificial com base no nível de glicose no sangue do doente.

Nos últimos anos, os autores consideram que a Beta Bionics pode produzir um pâncreas artificial eficaz.

3.3.2 *Insulina automatizada*

A diabetes mellitus tipo 1 é causada pela destruição autoimune das células B pancreáticas, onde a produção de insulina é completamente interrompida [59]. Por conseguinte, é importante encontrar uma solução alternativa para, em primeiro lugar, medir o nível de glicose no sangue e, em segundo lugar, encontrar uma solução para agir e injetar insulina na corrente sanguínea através de uma bomba de insulina. Na secção anterior, discutimos a bomba de insulina, enquanto nesta secção se apresenta brevemente o método para medir o nível de glicose no sangue.

Existem dois métodos para medir as concentrações de glucose no sangue: medições da glucose no sangue capilar ou sistemas de monitorização contínua da glucose [59]. Estas medições são afectadas por muitos factores, como a temperatura ambiente, o tamanho da calibração do medidor, a qualidade da amostra de sangue, a humidade, o hematócrito, níveis elevados de substâncias interferentes no sangue e a idade das tiras-teste [59, 61].

Atualmente, existem vários sistemas de monitorização contínua da glucose no mercado, como o Dexcom (San Diego, Califórnia), o Medtronic (Northridge, Califórnia) e o Abbott (Alameda, Califórnia) [59, 62]; no entanto, ainda não está disponível no mercado um pâncreas artificial completo.

3.4 Descrição do pâncreas artificial InSmart

Como indicado anteriormente no primeiro capítulo, o dispositivo InSmart desenvolvido pela Universidade De Montfort em colaboração com o Renfrew Group International é muito útil e depende do gel polimérico, que é considerado como um grande componente inovador. O material do gel contém uma interação química de chave e fechadura que mantém as moléculas do gel unidas numa rede minúscula, que é interrompida pela presença de açúcar que entra na camada de gel do dispositivo a partir do fluido que envolve o corpo. O gel reage à glucose natural à medida que o gel amolece e, em seguida, a insulina nele contida viaja até atingir a circulação do corpo, enquanto que, quando a insulina diminui, o açúcar no sangue (glucose) é novamente retirado do gel. Esta parece ser uma abordagem eficaz.

Figura 3.4: O pâncreas artificial InSmart [19].

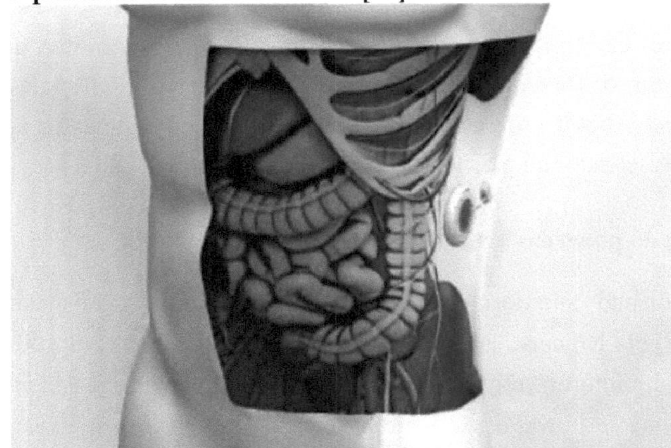

Figura 3.5: O pâncreas artificial InSmart implantado no corpo humano [18].

Uma vez que a diabetes afecta 370 milhões de pessoas em todo o mundo, a insulina salva vidas; no entanto, as injecções são dolorosas e não são totalmente eficazes. Além disso, a dosagem ineficaz de insulina pode causar uma série de complicações clínicas, incluindo insuficiência renal, doenças cardíacas e cegueira.

De um modo geral, o pâncreas artificial InSmart, desenvolvido pela Universidade De Montfort em colaboração com o Renfrew Group International, utiliza um polímero glucosensível patenteado. No entanto, em vez de um dispositivo ser implantado cirurgicamente no corpo para libertar uma quantidade precisa de insulina, poderia ser ligado como um pâncreas artificial externo para reduzir os riscos da cirurgia. Além disso, o pâncreas artificial InSmart teria de ser reabastecido de duas em duas semanas, o que poderia ter um impacto nos doentes.

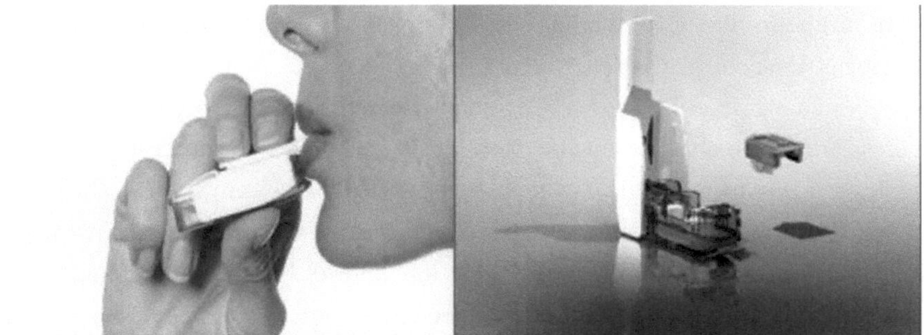

Figura 3.6: Dispositivo de insulina para inalação Technosphere e imagens (incluídas com o consentimento da MannKind Corporation [63]).

Uma vez que a insulina está no centro de um pâncreas artificial, há outra empresa que produz um dispositivo de insulina inalada, como mostra a **Figura 3.6.** O novo pâncreas artificial apresentado em [64] ainda necessita que o doente defina os bólus e, possivelmente, faça a programação; por exemplo, o Mini Med 670G deverá ser apresentado já em abril de 2017 [64, 65], mas não será totalmente biónico, pois os doentes ainda têm de encher a bomba de insulina e mudar a bateria. Além disso, continua a ser necessária a auto-monitorização do açúcar no sangue a cada 12 horas. Embora Wintergreen e Breckenridge, nos Estados Unidos da América (EUA), tenham testado um pâncreas artificial de circuito fechado, este está a ser ensaiado há 2,5 anos.

3.5 Metodologias de tratamento da diabetes

Podem ser utilizados dois métodos para tratar a diabetes, para além da abordagem convencional/clássica. O método tradicional depende da injeção de insulina ou da utilização de **comprimidos de** acordo com a hora e a quantidade de insulina necessária nesse dia. Embora esta abordagem seja simples e conveniente, não controla a quantidade de insulina. Além disso, tem alguns inconvenientes, tais como o facto de os doentes se esquecerem de tomar o medicamento a horas, e o facto de as injecções diárias serem inconvenientes e demoradas. Além disso, a agulha pode ter alguma contaminação e as dietas podem variar durante o dia, o que torna difícil prever a quantidade de insulina necessária para o organismo do doente. As pessoas podem também injetar insulina sem medir a sua glicose, o que pode ter um efeito negativo. Além disso, em alguns países, como os que ainda estão em desenvolvimento, os doentes com diabetes não conseguem avaliar ou medir facilmente a sua glicemia. Por conseguinte, a insulina pode ser administrada de forma aleatória. Como os autores são engenheiros e médicos, o seu objetivo é produzir uma solução para a sociedade e contribuir para a resolução desta doença generalizada.

Em primeiro lugar, o método convencional de injeção de insulina envolve abordagens não controladas (circuito aberto), o que não é um método fiável devido às limitações acima descritas. Por conseguinte, podem ser utilizadas duas abordagens: o pâncreas artificial e o transplante de pâncreas. O transplante de pâncreas é uma técnica complexa, que requer cirurgia e exames e ensaios exaustivos em animais antes da fase humana. Este tipo de investigação pode ser alcançado e efectuado em três fases. A primeira fase é o trabalho experimental em laboratório. Uma vez concluída esta fase com êxito, a segunda fase será a realização de ensaios em animais como ratos, coelhos e cães, etc. A fase final é aplicada ao ser humano e requer uma operação cirúrgica, cobertura de seguro e outras questões. Por vezes, a segunda fase pode ser dividida em duas fases: 1) pequenos animais na primeira fase, como a experiência em ratos ou coelhos; e 2) grandes animais, como cães, na segunda fase. O transplante de pâncreas é abordado mais pormenorizadamente no capítulo 4, enquanto a segunda abordagem, que consiste na utilização de um pâncreas artificial, é descrita na secção 3.6.

3.6 O pâncreas artificial

A história do pâncreas artificial é descrita no capítulo 2. Além disso, em 1974, Albisser et al. [66] desenvolveram um pâncreas artificial, mas nessa altura só foi utilizado em estudos clínicos. De acordo com Boiroux et al. [67], a constante de tempo relacionada com o transporte de glucose do sangue para os tecidos subcutâneos é de 15 minutos, sendo os parâmetros para o modelo de Monitorização Contínua da Glucose (CGM) dados por Breton e Kovatchev [68]. No entanto, isto pode não ser exato porque o corpo humano ainda sabe a que horas responderá, permitindo que o pâncreas forneça insulina. Este é considerado o principal desafio no desenvolvimento de um pâncreas artificial.

A nova abordagem utiliza o sistema de controlo de engenharia apresentado na **Figura 3.7** para medir a glucose na corrente sanguínea de um doente e compará-la com o nível desejado de glucose no sangue, que deve situar-se no intervalo 4-7,8 mmol/L, que é o objetivo do nível de glucose no sangue. O erro ou diferença deve passar por algum controlo, como um controlador proporcional-integral-derivativo (PID) com um atraso de tempo, para produzir um sinal de controlo que permita a injeção do valor específico de insulina no corpo do doente, de acordo com a informação obtida a partir do CGM. O controlador PID é um controlador muito utilizado em muitas aplicações na vida real. O método Ziegler-Nichols implementa uma resposta em degrau para o controlador PID em tempo real [69] e no domínio da frequência [70, 71]. Muitos estudos adaptaram o controlador PID ao pâncreas artificial, como se indica na **Tabela 3.1** [28].

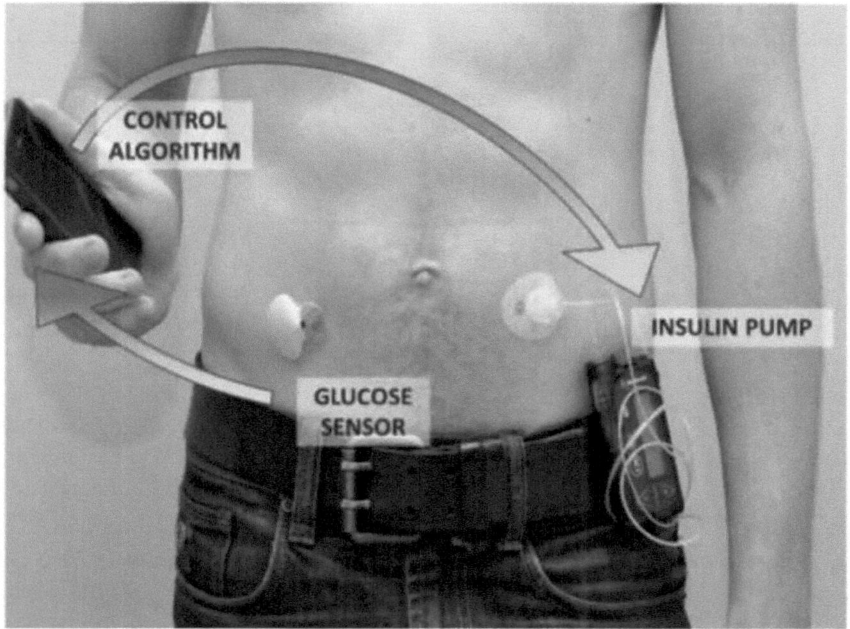

Figura 3.7: Pâncreas artificial portátil [72].

Tabela 3.1 Avaliação clínica dos controladores proporcionais-integral-derivativos.

Não.	Algoritmo de controlo	Referência do algoritmo de controlo	Ensaio clínico	Resumo
1	ePID com retroação da insulina (IFB)	Steil et al. [73]; Weinzimer et al. [74]; Steil et al. [75]	1. O'Grady et al. [76] 2. Sherr et al. [77]	1. O ensaio de ciclo fechado noturno em clínica sugere que 78% do tempo em que a glicose é passada no intervalo normal. 2. Efeito do exercício físico da tarde na hipoglicemia nocturna: o circuito fechado é melhor do que o circuito aberto.

2	Algoritmo Fading Memory Proportional-Derivative (FMPD)	Castle et al. [78]; Ward et al. [79]	Castle et al. [78]	A insulina e o glucagon reduziram a frequência do tratamento com hidratos de carbono.
3	PID	Foram avaliados vários algoritmos PID	Dauber et al. [80]	Controlo em circuito fechado na clínica em crianças. Melhorias no tempo gasto em 300 mg/dl e na área total sob a curva em comparação com o circuito aberto.
4	PID	Steil et al. [73]	Renard et al. [81]	Infusão intraperitoneal de insulina.
5	ePID	Steil et al. [73]	Weinzimer et al. [82]	Avaliação dos efeitos do pramlintide em circuito fechado: atraso no tempo até ao pico de glicemia e redução da magnitude do pico de glicemia.

O controlador PID, no entanto, não funciona bem para sistemas não lineares sistemas específicos imprevisíveis que não têm modelos numéricos precisos. Por isso, precisamos de uma solução que tenha a vantagem de manter o nível de glucose entre 4 e 7,8 mmol/L. Esta abordagem é também designada por pâncreas artificial.

O controlo por modelo deslizante (SMC) pode ser um controlador eficaz, uma vez que é uma técnica robusta e simples, tal como descrito por [1, 83], para o sistema linear e não linear. O SMC é necessário para selecionar uma superfície deslizante $s(t)$ com deslizamento para o seu valor final desejado, utilizando uma lei de controlo adequada, como se mostra na **Figura 3.8**.

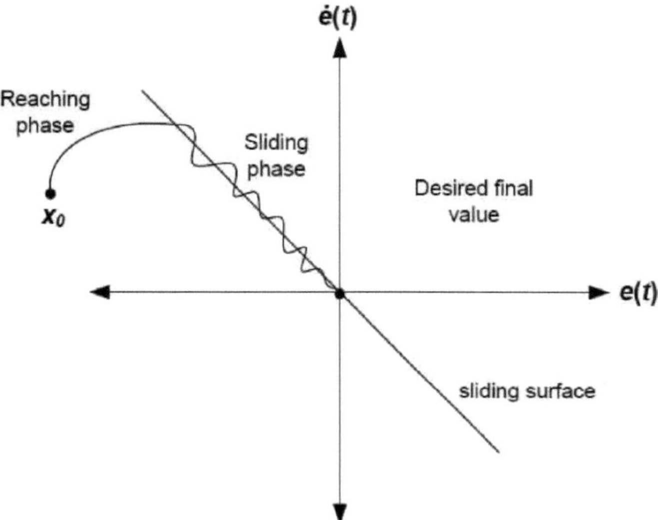

Figura 3.8: Técnicas de controlo de modo deslizante.

O SMC é dado por [1, 84, 85]:

$$s(t) = (\frac{d}{dt} + \lambda)^n \int_0^t e(t)dt$$

Onde: n é a ordem do sistema, λ é um parâmetro de afinação e e(t) é o erro de seguimento. No entanto, o SMC tem uma limitação, que é considerada a principal desvantagem do método. Esta limitação é a dispersão. Embora alguns trabalhos de investigação tenham tentado melhorar o SMC, como o método de controlo de modos deslizantes modificado explorado por Prasad et al. [86], este problema ainda não foi resolvido.

Recentemente, Boiroux et al. [67] implementaram o controlo preditivo por modelos (MPC) para estabilizar a glucose no sangue dos doentes durante a noite. A glicemia baixa (hipoglicemia) pode ser causada por uma sobredosagem de insulina injectada no sangue de um doente, o que tem efeitos graves como convulsões, coma ou morte [87]. Por conseguinte, a dosagem de insulina deve ser tida em conta para ser igual à de uma pessoa saudável e para permitir que o organismo do doente mantenha o nível de glucose no sangue alvo em 4-7,8 mmol/L.

A infusão contínua de insulina subcontinente é injectada no sangue do doente para atenuar a produção endógena de glicose. Os dispositivos de monitorização da glicose são utilizados para medir e monitorizar a glicose no sangue, tal como descrito na secção 3.3. Quando o doente toma uma refeição, é administrada a quantidade de insulina necessária para compensar o impacto da ingestão de hidratos de carbono [72].

O tempo de ação da insulina e o fator de sensibilidade à insulina estão associados à resposta da glucose no sangue a um bólus de insulina [21]. No entanto, uma desvantagem é que muitos pressupostos são considerados constantes, mas estes parâmetros da insulina, como o tempo de ação e outros factores, são determinados empiricamente pelo doente, podendo variar de dia para dia. O estudo de Boiroux et al. [67] revelou que o controlo MPC baseado no modelo ARMAX adaptativo teve um melhor desempenho do que o controlo MPC baseado num modelo ARMAX e no modelo ARIMAX. No entanto, o maior ponto fraco é que as funções do pâncreas não são mencionadas, sendo que uma função é a produção de insulina para controlar o nível de glicose no sangue, e a outra função não é tida em conta, que são as enzimas para digerir proteínas e gordura.

3.7 Modelação de um pâncreas artificial

O controlo da concentração de glicose no sangue de um doente com diabetes tipo 1 continua a ser um desafio, mas o pâncreas artificial oferece a melhor solução até à data. No entanto, existem muitas dificuldades associadas ao pâncreas artificial, como a variabilidade ao longo do tempo com as refeições, os atrasos na estimativa da glicose no sangue e na infusão de insulina, o ruído ou a interface de comunicação entre os componentes do pâncreas artificial, que incluem a bomba de insulina, que tem um método de controlo específico, e os CGMs, como já foi referido. O principal objetivo deste livro é desenvolver um pâncreas artificial de baixo custo adequado a doentes com diabetes tipo 1, em que o pâncreas artificial deve ser fiável e de pequenas dimensões. Existem muitas técnicas de controlo que têm sido utilizadas para o pâncreas artificial, tais como o controlo PID [73, 75, 81, 88-90], conforme listado na **Tabela 3.1**, o controlo adaptativo [91, 92], o controlo preditivo de modelos [93], o controlo lógico difuso [94, 95] e o controlo linear-quadrático Gaussiano (LQG) [90, 96]. O algoritmo do controlador MPC é brevemente descrito e listado na **Tabela 3.2**.

Tabela 3.2 O algoritmo de controlo preditivo de modelos avaliado em ensaios clínicos.

Não.	Estudos clínicos Referência	Resumo
1	Hovorka et al. [97]; Elleri et al. [98]; Elleri et al. [99]; Elleri et al. [100]; Hovorka et al. [101]	A conceção do MPC deste estudo baseia-se no trabalho de Bequette [88], utilizando um modelo interno, de acordo com Hovorka et al. [102].
2	Kovatchev et al. [103]; Kovatchev et al. [104]	O desenho linear do MPC é descrito por Magni et al. [105]. O modelo utilizado para a validação encontra-se em [106]; no entanto, foi modificado adequadamente para a diabetes mellitus tipo 1. Este modelo é linearizado em condições basais médias da população. As especificações do MPC são adaptadas a cada paciente, com um módulo de interface e segurança discutido por Patek et al. [107].
3	Russell et al. [108]	Sistema hormonal de circuito fechado, tal como apresentado em [91], com administração de insulina com resultado de imagem para controlo preditivo de modelos e glucagon com PD. O modelo interno é ARMAX com parâmetros de modelo identificados.
4	Dassau et al. [106]	A conceção da bomba linear é definida em Percival et al. [109], sendo o modelo utilizado a função de transferência com parâmetros específicos do doente. Mais pormenores estão disponíveis em [110].
5	Harvey et al. [111]	Zone-MPC, como demonstrado por Grosman et al. [112] em paralelo com o sistema de monitorização da saúde de Harvey et al. [113].
6	Breton et al. [114]	O módulo de correção da gama e o módulo de supervisão da segurança de Kovatchev et al. [115].

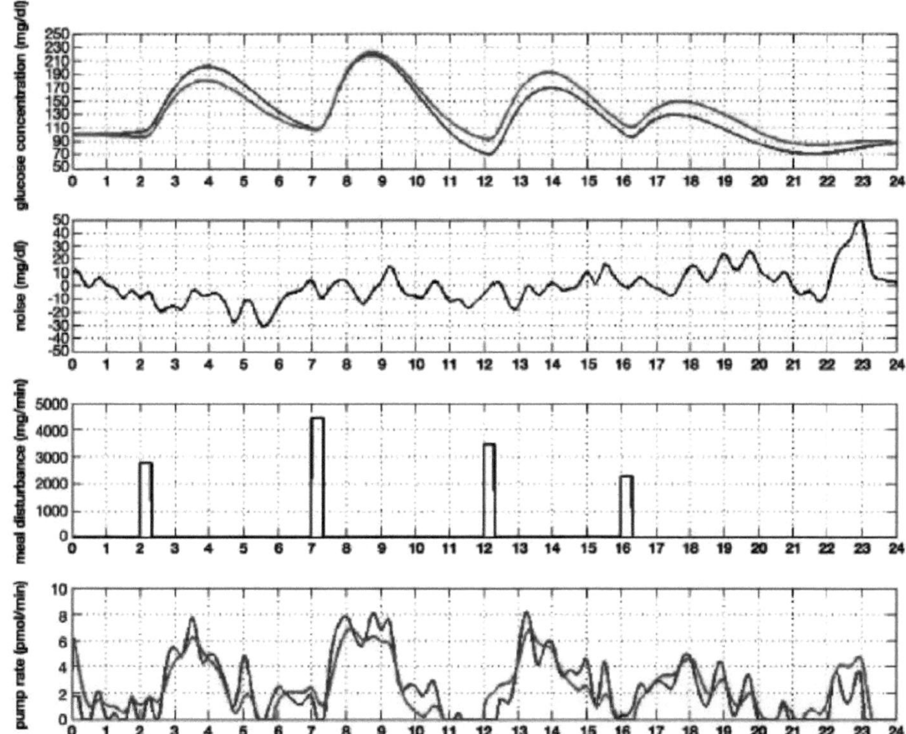

Figura 3.9: O controlo linear-quadrático-Gaussiano versus um controlador proporcional-integral-derivado, com amostras de monitorização contínua da glucose de um minuto e actualizações em bolus.

Uma das técnicas de controlo é o controlo linear-quadrático gaussiano, que é comparado com um controlador PID na **Figura 3.9**. Podemos observar que a comparação entre o controlador linear-quadrático gaussiano e o controlador PID não apresenta uma diferença significativa de desempenho no contexto de um pâncreas artificial. Talvez a desvantagem mais grave desta comparação seja o facto de nenhum dos controladores respeitar a gama normal do nível de glicose no sangue.

Procedimento para modelar um pâncreas artificial

Até à data, o nosso modelo de pâncreas artificial é apresentado por uma função s nesta investigação. O código da função de transferência para a diabetes não é recomendado na prática. Além disso, o lanche é usado neste modelo com bloco de atraso para representar a duração do sono do paciente, que é considerado como sendo de oito horas e pode variar. As refeições tomadas durante o dia são consideradas como três refeições em momentos específicos do dia, como o pequeno-almoço, a refeição do meio-dia e a refeição do meio da noite, a serem tomadas às 07:00-07:36, 13:00-13:36 e 19:00-19:36, respetivamente. Todos estes pressupostos podem não ser correctos; por isso, recomenda-se a utilização deste modelo em animais antes de ser utilizado em seres humanos.

Os resultados deste modelo são apresentados na **Figura 3.10**.

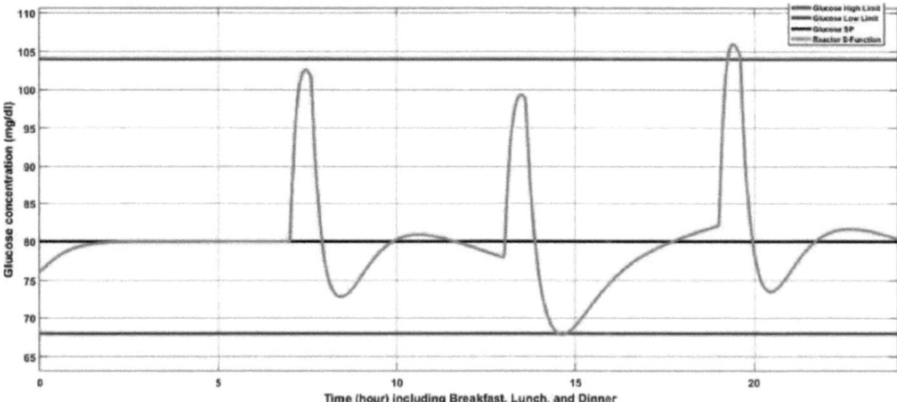

Figura 3.10: Resultados obtidos da modelação de um pâncreas artificial.

Além disso, o modo proposto, apresentado na secção 3.8, ajudará e facilitará o estabelecimento da função de transferência real para uma pessoa não diabética, o que é considerado uma nova contribuição no domínio da diabetes. Consequentemente, não é difícil conceber um controlo para um pâncreas artificial ideal que possa satisfazer todas as necessidades de um pâncreas real, como se refere na secção 3.8.

3.8 Procedimento proposto para melhorar o pâncreas artificial

Como já foi referido, o objetivo deste livro é melhorar o pâncreas artificial e, assim, melhorar a qualidade de vida de um doente com diabetes. Por isso, temos de tentar eliminar a condição de risco de vida do estado hipoglicémico e também eliminar as complicações da diabetes tipo 1 a longo prazo, como a retinopatia, a neuropatia e a nefropatia [116].

Embora Boiroux et al. [67] tenham demonstrado o impulso de resposta para o modelo não linear de Hovorka, o tempo de resposta é de 4 horas, o que é demasiado longo, como se mostra na **Figura 3.11**. Além disso, o principal problema da abordagem de Boiroux et al. [67] é o facto de a função de transferência se basear em muitos pressupostos.

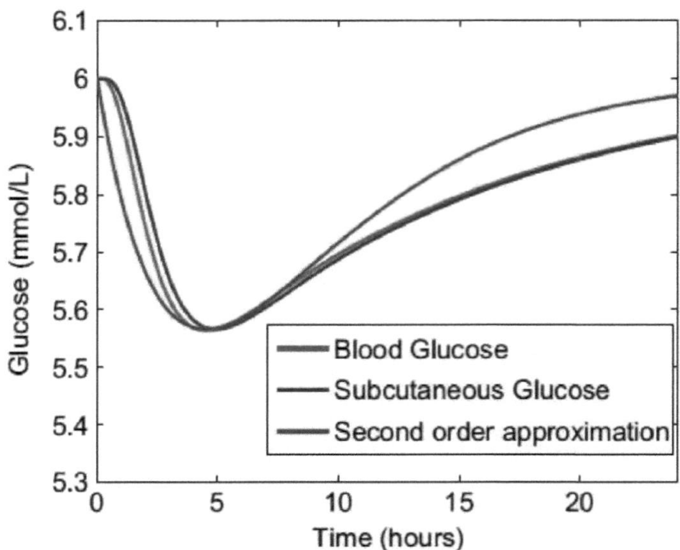

Figura 3.11: Respostas ao impulso para um modelo de segunda ordem e o modelo não linear de Hovorka.

É importante aqui definir o tempo de atraso num pâncreas artificial, que é o período de tempo que permite ao controlador entrar em ação e instruir a bomba para administrar insulina ao doente, o que é considerado o principal desafio de um pâncreas artificial. Por exemplo, **a Figura 3.12** mostra a complexidade do controlo do açúcar no sangue quando se utiliza insulina rápida, tal como apresentado por Zavitsanou [28].

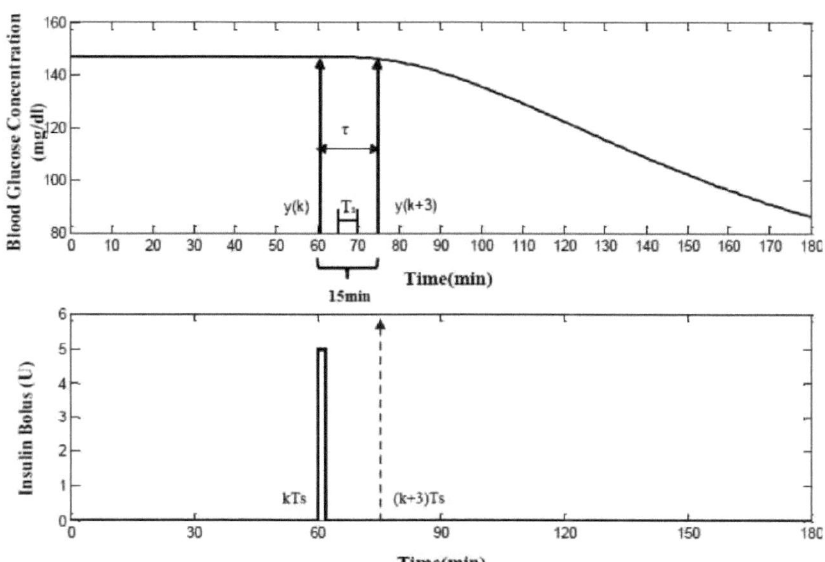

Figura 3.12: Atraso de tempo no pâncreas artificial.

Assim, uma vez que dispomos de um sinal de monitorização da glucose ou CGM, como se mostra na **Figura 3.13**, e do sinal de saída da glucose em (mmol/L), como se mostra na **Figura 3.14**, podemos estabelecer a função de transferência sem procedimentos complexos. A função de transferência pode ser determinada pela identificação do sistema em MATLAB após a importação destes sinais para a interface gráfica do utilizador (GUI) no espaço de trabalho MATLAB, como se mostra na **Figura 3.15**. Além disso, o controlo da conceção desta função de transferência será simples e preciso, embora estes sinais tenham de ser obtidos de uma pessoa saudável que não tenha diabetes. Isto implica que o comportamento do sinal do CGM na pessoa não diabética e a resposta do pâncreas artificial devem ser observados e medidos; depois, isto pode ser transferido para a identificação do sistema em MATLAB para identificar a função de transferência e implementá-la na conceção de um controlador ótimo e de um pâncreas artificial superior.

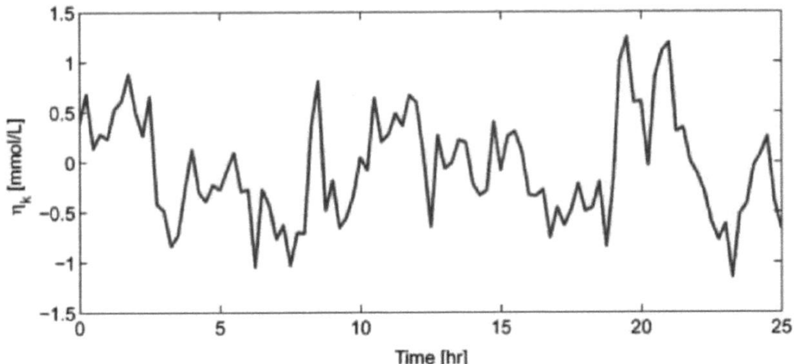

Figura 3.13: Realização de um dispositivo de controlo contínuo da glicose [67].

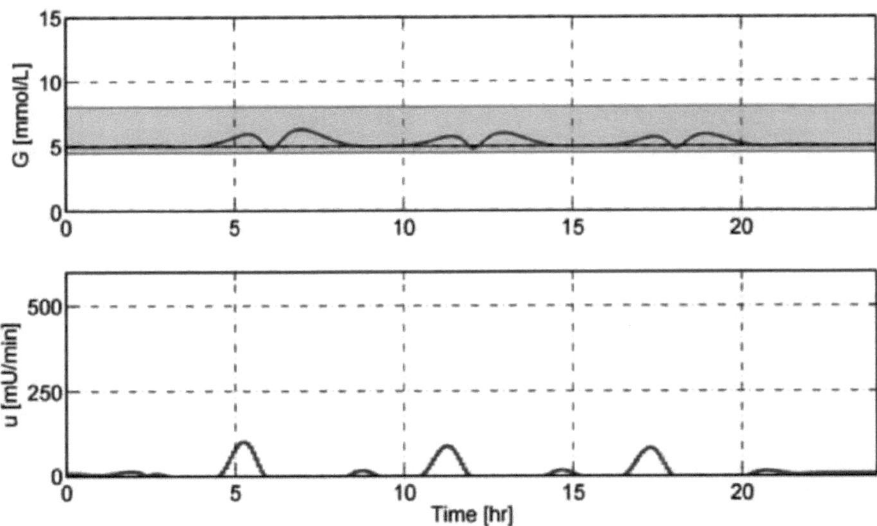

Figura 3.14: Administração de insulina para o caso com anúncio de refeição antes da refeição [21].

O perfil da glucose de uma pessoa não diabética é apresentado em [117] e pode ser utilizado para encontrar a função de transferência do sistema de um pâncreas artificial. No entanto, o perfil da glucose numa pessoa não diabética ainda é desconhecido no momento da redação deste artigo, pelo que é necessária uma maior colaboração de outros investigadores médicos para adaptar este conceito. Esta questão será objeto de trabalhos futuros.

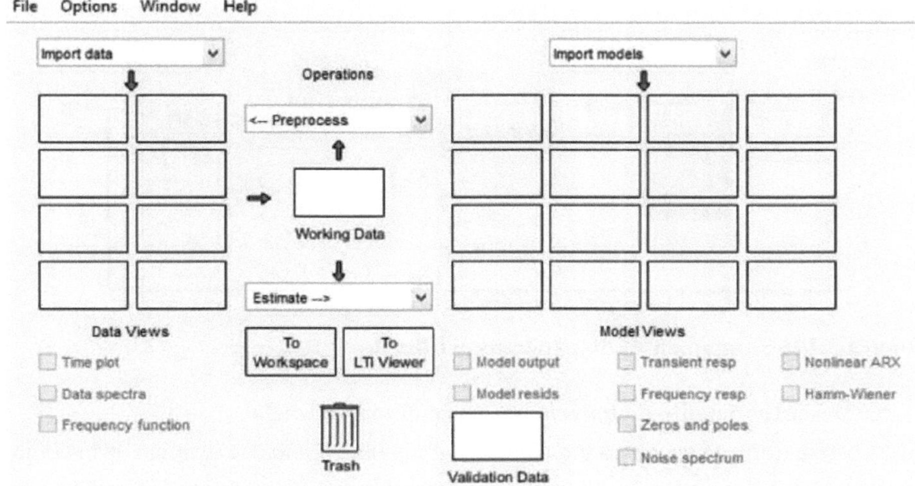

Figura 3.15: A interface gráfica do utilizador proposta para encontrar a função de transferência da pessoa não diabética.

A Figura 3.16 mostra o modelo proposto depois de encontrar a função de transferência a partir da interface gráfica do utilizador da identificação do sistema em MATLAB, como apresentado na **Figura 3.15**, e é substituído em vez do bloco diabético. No entanto, para conseguir a estimativa da pessoa não diabética, será necessária a aprovação ética da investigação, o que, mais uma vez, representa trabalho futuro.

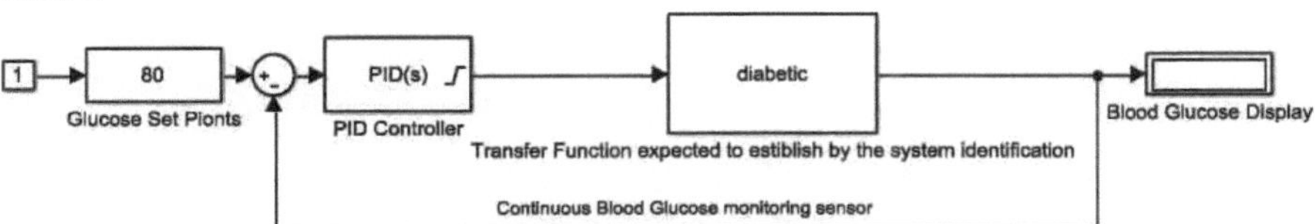

Figura 3.16: Abordagem proposta para aperfeiçoar o projeto do pâncreas artificial depois de encontrar a função de transferência.

A Figura 3.17 apresenta uma breve revisão das tecnologias do pâncreas artificial, tal como apresentada por Turksoy et al. [59].

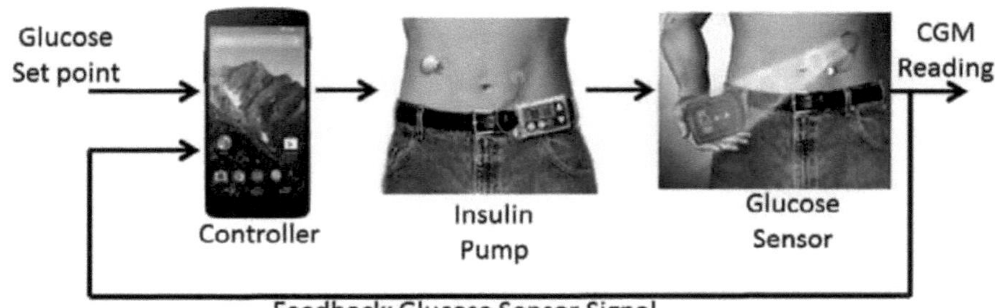

Figura 3.17: Componentes do pâncreas artificial.

3.9 Desenvolvimento da bateria para o pâncreas artificial

A bateria fornece energia a um controlador e a uma bomba de insulina, bem como à monitorização contínua da glucose. Assim, se a bateria estiver bem carregada, o desempenho destes elementos será o previsto. De acordo com Atsumi e Kajiya [118], a bateria do pâncreas artificial deve ter uma vida útil longa.

Quadro 3.3 As aplicações clínicas a longo prazo do sensor de glicose: problemas que aguardam solução.

Não.	Problema
1	Manutenção das excelentes características do sensor Dependente da tensão de oxigénio aplicação do mediador de electrões dependência da temperatura desenvolvimento de um sistema de auto-calibração para a mudança de temperatura
2	Eliminação do ruído: desenvolvimento de um sistema de filtragem do ruído
3	Longevidade Seleção de biomateriais - conceção da membrana Desenvolvimento de um sistema automático de calibração interna
4	A interface entre o organismo vivo e o sensor de preservação do ambiente natural; a segurança da enzima imobilizada Resposta imunológica aos biomateriais
5	Desenvolvimento de um sistema leve e pequeno de sensor enzimático FET
6	Medição não invasiva
7	Baixo custo

Quadro 3.4 Implantação do efector: problemas a resolver.

Não.	Problema
1	Manutenção de uma excelente capacidade operacional e de resistência
2	Controlo de segurança: introdução de um sistema infalível e à prova de falhas
3	Leve e de tamanho reduzido
4	Bateria de longa duração: aplicação da transmissão transcutânea de energia para recarregar a bateria

5	Interface entre o organismo vivo e o sistema artificial, preservação do ambiente natural Conceção do sistema A seleção de biomateriais biocompatíveis
6	Solução de insulina: desenvolvimento de uma solução de insulina altamente concentrada não agregável

Acreditamos que, no pâncreas artificial existente, o sistema de armazenamento da bateria precisa de ser melhorado com algum tipo de energia renovável, como a célula solar utilizada para carregar a bateria e garantir que o dispositivo é fiável em países com fornecimento de eletricidade interrompido.

3.10 Resumo do capítulo

O principal objetivo deste livro é desenvolver um pâncreas artificial que exija um esforço mínimo e seja uma solução razoável para os doentes com diabetes tipo 1, em que o dispositivo deve ser fiável e de pequenas dimensões. Neste capítulo, modelamos o pâncreas artificial e demonstramos o impacto de três refeições por dia no nível de açúcar. Verificamos que, após uma refeição, o nível de açúcar aumenta; por conseguinte, os doentes com diabetes têm de tomar medidas, seja através de um comprimido ou de uma injeção de insulina, de acordo com os conselhos dos médicos de apoio e do pessoal médico que trata do caso. Tentamos desenvolver um pâncreas artificial que actua automaticamente sem a interface do doente. Embora o pâncreas artificial exista há vários anos, ainda não apareceu no mercado até à data. Além disso, não existe cobertura de seguro para o pâncreas artificial, apesar de muitos investigadores terem melhorado o dispositivo através da aplicação de diferentes técnicas de controlo, começando por um controlador PID tradicional, seguido de um controlo de modo deslizante e, depois, de um controlador de modo deslizante modificado. As outras técnicas, como o controlo MPC, são brevemente analisadas neste capítulo. Não é de admirar que o pâncreas artificial seja a melhor solução para o tratamento da diabetes, com menos complicações e um menor impacto no doente. A outra solução, como a proposta pela Universidade De Montfort, requer um suplemento de insulina de duas em duas semanas e ainda está a ser testada. Além disso, embora a sua comercialização estivesse prevista para 2016, no momento em que escrevemos este artigo, em 2017, ainda não era o caso, o que levanta algumas dúvidas quanto ao seu desempenho e fiabilidade. Por conseguinte, para tornar o pâncreas artificial fiável e económico, é necessário melhorar o tempo de atraso e o armazenamento da bateria (como o carregamento da bateria através da célula solar) para garantir um fornecimento contínuo de energia ao pâncreas artificial, mesmo em caso de interrupção do fornecimento de energia, como acontece nos países em desenvolvimento.

Capítulo 4: Transplante de pâncreas e um estudo de caso de diabetes gestacional

4.1 Introdução

Este capítulo centra-se num estudo de caso de diabetes gestacional numa mulher grávida que teve um parto natural e sem cesariana. Para além disso, acompanhamos o comportamento dos níveis de açúcar no sangue durante um mês após o parto. Este capítulo pode, portanto, ser visto como um guia para a mulher grávida que tem diabetes. A estrutura e a função deste capítulo serão explicadas na secção seguinte.

4.2 Resumo do capítulo

Este capítulo está dividido nas secções seguintes: A secção 4.3 discute a segunda abordagem ao tratamento da diabetes, ou seja, o transplante de um pâncreas através de cirurgia. Por vezes, há confusão entre as medições em mmol/L e mg/dl, quando alguns equipamentos estão fixados numa unidade (por exemplo, de acordo com [119], a unidade de medição no CareSens N POP está fixada em mmol/L e não pode ser alterada para mg/dl pelo utilizador); por isso, a secção 4.4 descreve a diferença entre as duas unidades. As secções 4.5 a 4.7 abordam o estudo de caso da diabetes gestacional com diferentes testes, a fim de compreender o comportamento da diabetes gestacional com diferentes perturbações e o seu não tratamento, que é considerado como uma orientação para todas as mulheres grávidas com diabetes. Seguimos o caso de diabetes gestacional até ao parto natural do bebé. Existem dois testes para determinar se a pessoa tem ou não diabetes, que são o teste oral de tolerância à glicose e o teste da hemoglobina A1c (HbA1c), e neste estudo centramo-nos no teste oral de tolerância à glicose, tal como discutido na secção 4.8. A síntese deste capítulo é apresentada na secção final.

4.3 Transplante de pâncreas

O objetivo do transplante de pâncreas é voltar a produzir insulina. Antes de se falar do transplante, é importante destacar a função do pâncreas e defini-lo. Tal como descrito no capítulo 2, o pâncreas é um órgão do abdómen utilizado para produzir hormonas e sucos digestivos. O transplante de pâncreas é uma operação que introduz um pâncreas saudável de alguém que morreu recentemente, para substituir um pâncreas disfuncional ou para adicionar um novo pâncreas saudável e deixar o pâncreas antigo no lugar, uma vez que este pode oferecer algumas funções úteis. Assim, neste último caso, o antigo pâncreas danificado será deixado no local para produzir sucos digestivos importantes. Na realidade, um transplante de pâncreas é uma operação arriscada. Por conseguinte, antes de qualquer transplante de pâncreas, é necessário avaliar cuidadosamente o doente para determinar se um transplante de pâncreas é adequado e se pode trazer benefícios. Os exames necessários são a tensão arterial, o ritmo cardíaco, a urina, o cateterismo cardíaco e a angiografia coronária.

De acordo com Weaver et al. [120], os investigadores desenvolveram uma nova técnica para melhorar a taxa de sucesso do transplante de células de ilhéus que pode ser utilizada para tratar pessoas com diabetes tipo 1. A nova técnica foi modelada em ratos e restabeleceu a produção de insulina para o nível de glucose no sangue. Isto ajudará a desenvolver um novo material de hidrogel com uma proteína que aumenta o crescimento dos vasos sanguíneos, como se mostra na **Figura 4.** [120, 121]. Os hidrogéis induziram diferenças e melhorias na vascularização, no mesentério do intestino delgado e nos locais de transplante da almofada de gordura epididimal. Embora os efeitos a longo prazo das células tenham sido monitorizados e se tenha demonstrado que a localização ideal para o transplante é a mais adequada, os ensaios em seres humanos ainda estão longe de ser concluídos. O hidrogel pode ser definido como um biomaterial que pode melhorar a sobrevivência, o enxerto e a função de um enxerto de massa de ilhotas de um único dador pancreático. Por conseguinte, melhora os resultados clínicos do autotransplante de ilhéus após pancreatectomia, o que maximizará a sobrevivência do enxerto no transplante clínico de ilhéus para doentes com diabetes tipo 1. De acordo com Weaver et al. [120], este estudo pode reduzir as consequências da operação de transplante de pâncreas.

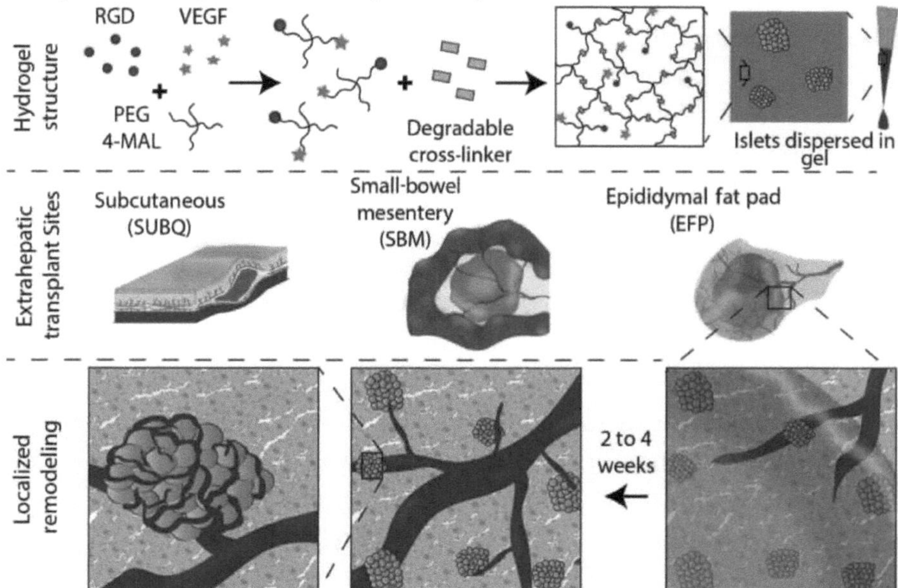

Figura 4.1: Estrutura de hidrogel sintético vasculogénico, proteoliticamente

degradável, sistema de entrega de ilhéus e remodelação localizada do gel em locais de transplante extra-hepático (conforme demonstrado por Weaver et al. [120]).

A melhoria através do hidrogel é mostrada na **Figura 4.2**, onde o EFPPEG-VEGF reduz o nível de glucose no sangue após 35 dias. Para mais detalhes, [120] representa o guia ideal para esta experiência. Weaver et al. [120] é um estudo recente e acreditamos que esta tentativa de criar insulina é a melhor atualmente, se comparada com o desenvolvimento do pâncreas artificial pela Universidade De Montfort e pelo Grupo Renfrew Internacional.

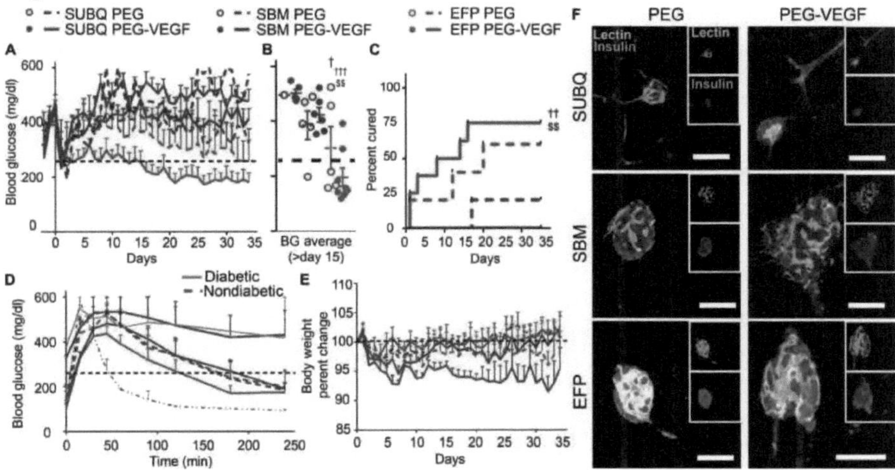

Figura 4.2: Resultados adquiridos de hidrogéis vasculogénicos para tratar a diabetes tipo 1 (tal como apresentados por Weaver [120]).

De acordo com [122], há cerca de um milhão de pessoas no Reino Unido que sofrem de diabetes tipo 1, enquanto 200 pessoas recebem um transplante de pâncreas todos os anos. Por isso, o transplante de pâncreas é importante nalguns casos.

A boa notícia é que a empresa belga de biotecnologia Imcyse está pronta para iniciar ensaios em seres humanos de uma nova vacina contra a diabetes tipo 1 [43]. No entanto, os ensaios de investigação estão ainda numa fase inicial. O procedimento consiste em recrutar o doente com diabetes tipo 1 para o ensaio durante 6 meses, em que a vacina da Imcyse contra a diabetes tipo 1 utiliza péptidos modificados, denominados isótopos. De acordo com [43], a abordagem funciona estimulando um tipo específico de células imunitárias, as células T CD4 citolíticas, para matar as células imunitárias que estão a atacar as células B produtoras de insulina.

O estudo da Imcyse é um ensaio, e esperamos ver os seus resultados no final de

2018. O único problema é que esta vacina é utilizada para travar o processo da doença quando são detectados os primeiros sinais de energia da doença autoimune. No entanto, a grande questão aqui é o que acontecerá com as pessoas que já têm diabetes tipo 1?

No entanto, esta nova vacina é prometedora, uma vez que previne o desenvolvimento da doença e o aparecimento de complicações.

A insulina é libertada automaticamente nos não-diabéticos para eliminar todos os hidratos de carbono ou açúcar que se acumularam durante uma refeição. Numa pessoa não diabética típica, o nível de açúcar no sangue situa-se entre 60 e 140 mg/dl ou menos após as refeições no sistema americano, enquanto no Reino Unido o intervalo é de 4-7,8 mmol/L [16]. Esta secção discutiu o transplante de pâncreas com um estudo recente para reproduzir a insulina. A próxima secção explicará em pormenor a diferença entre mmol/L e mg/dl para medir o nível de glicose no sangue.

4.4 Diferença entre mmol/L e mg/dl (rácio do fator)

O mmol/L e o mg/dl são unidades utilizadas para medir o nível de glucose no sangue. A primeira é utilizada no Reino Unido, enquanto a segunda é utilizada nos EUA, no Norte de África (onde os autores estão localizados na Líbia) e na Europa continental. A unidade mmol/L é milimoles por litro, enquanto a unidade mg/dl é miligramas por 100 mililitros. Em alguns aparelhos é utilizado o mmol/L, enquanto outros utilizam o mg/dl; por isso, é importante conhecer o rácio do fator entre as duas unidades. De acordo com a The Global Diabetes Community, o rácio do fator entre mmol/L e mg/dl é uma constante e o seu valor é 18. Assim, podemos aplicar este valor para converter de mmol/L para mg/dl, e vice-versa.

4.5 Diabetes gestacional

A diabetes gestacional significa, de facto, hiperglicemia devida à própria gravidez, mas na prática é definida como intolerância aos hidratos de carbono de gravidade variável com início ou reconhecimento inicial durante a gravidez.

Uma melhor compreensão do impacto da alimentação, do exercício e de outros factores no nível de açúcar pode ser encontrada no **Quadro 4.1**, apresentado por Kumareswaran [4]. Nesta tabela, temos de nos concentrar no caso da gravidez. Por isso, as referências de Hovorka et al. [123], Murphy et al. [124] e Murphy et al. [125] são importantes.

Quadro 4.1 Abordagens do pâncreas artificial.

Abordagem	População do estudo (n-número de indivíduos)	Estudos clínicos	Referências
Baixo nível de glicose Suspender	Adultos (n-31)	Avaliação do utilizador do Paradigm Veo Pump & Guardian Real-Time Sensor	Choudhary et al. [126]
	1-18 anos (n-21)	Avaliação do utilizador do Paradigm Veo Pump & Guardian Real-Time Sensor	Danne et al. [127]
	12-39 anos (n-26)	Paragem da bomba durante a noite em caso de hipoglicemia utilizando algoritmos de previsão	Buckingham et al. [128]
	6-38 anos (n-22)	Paragem diurna da bomba durante a hipoglicemia utilizando algoritmos de previsão	Buckingham et al. [129]
Circuito fechado noturno	18-65 anos (n-24)	13-14 horas em circuito fechado versus circuito aberto (controlo), aleatório	Hovorka et al. [123]
	5-18 anos (n-19)	12 horas em circuito fechado versus circuito aberto (controlo), aleatório	Hovorka et al. [101]
	Adultos (n-20)	15 horas de ciclo totalmente fechado versus ciclo aberto (controlo)	Kovatchev et al. [103]
	5-13 anos (n-8)	Ciclo fechado totalmente automatizado de 11-14 horas	Elleri et al. [100]
Circuito fechado com refeição	**12-18 anos (n-12)**	**Circuito fechado de 22 horas**	**Hovorka et al. [123]**
	Gravidez (n-10)	**Ciclo fechado de 22 horas (+ bolus manual) em gestação precoce versus tardia**	**Murphy et al. [124]**
	Gravidez (n-12)	**22 horas de circuito fechado (+ bolus manual) versus circuito aberto (controlo), aleatorizado**	**Murphy et al. [125]**
Circuito fechado sem anúncio de refeição	22-60 anos (n-8)	Ciclo fechado de 30 horas (+ bolus de escorva manual) versus ciclo aberto doméstico	Steil et al. [75]
	19-30 anos (n-7)	Ciclo totalmente fechado de 8-24 horas versus ciclo aberto doméstico	Atlas et al. [94]
	13-20 anos (n-17)	34 horas semi (+ bolus de preparação manual versus circuito fechado completo, aleatorizado)	Weinzimer et al. [74]
	Adultos (n-10)	29 horas totalmente fechado versus circuito aberto doméstico	Hovorka et al. [130]
Ciclo fechado bi-hormonal (insulina + glucagon)	19-71 anos (n-11)	27 horas bi-hormonal totalmente em circuito fechado	El-Khatib et al. [91]
	Adultos (n-7)	28 horas bi-hormonal (+ bolus de preparação manual) versus apenas insulina (controlo) em circuito fechado	Castle et al. [78]
	Adultos (n-14)	33 horas bi-hormonal (+ bolus de preparação manual) comparando dois algoritmos de circuito fechado	El Castle et al. [131]
Circuito fechado com administração de insulina intra-peritoneal	Adultos (n-8)	48 horas de circuito fechado (+ bolus de preparação manual) versus circuito aberto (controlo), aleatorizado	Renard et al. [81]

A figura 4.3 abaixo mostra o perfil de glicose no sangue durante a utilização do pâncreas artificial, como demonstrado por Kumareswaran [4].

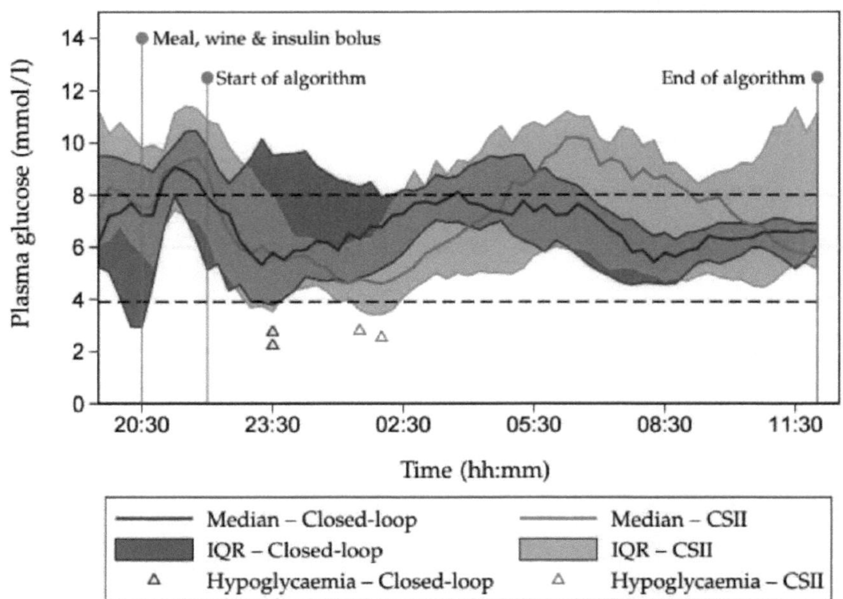

Figura 4.3: Perfis de glucose no sangue durante a infusão de insulina subcutânea em circuito fechado e contínua.

A Figura 4.3 mostra que o vinho aumenta o nível de glucose no sangue. Além disso, o nível de glicose no sangue está num estado descontrolado, utilizando diferentes técnicas, como um circuito fechado mediano, infusão contínua mediana de glicose-insulina, etc.

Tal como foi referido nos capítulos anteriores deste livro, o esquema do pâncreas artificial pode ser descrito como mostra a **Figura 4.4**, e é descrito em pormenor no capítulo 3.

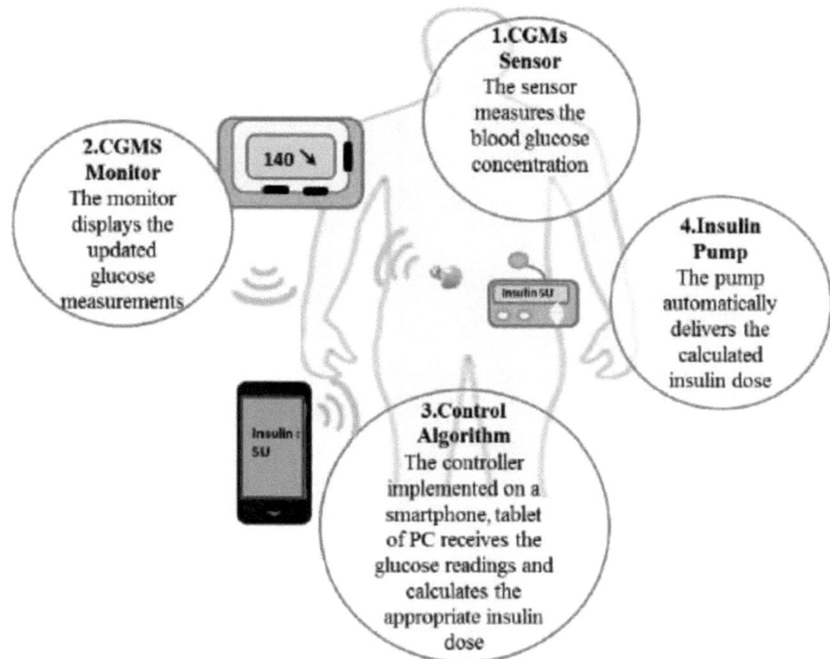

Figura 4.4: Pâncreas artificial num esquema simples.

A diabetes gestacional tem impactos graves; por exemplo, de acordo com o **Quadro 4.2** [10], não existe uma relação estreita entre a mortalidade neonatal e a mortalidade materna, mas existiam diferenças muito consideráveis em cada uma destas medidas entre os países na altura da descoberta da insulina. É por isso que tentamos desenvolver um pâncreas artificial, como se vê na **Figura 4.4**, para reduzir o potencial de problemas graves.

Quadro 4.2 Mortalidade materna e mortalidade infantil e neonatal de países seleccionados na altura da descoberta da insulina.

Não.	País	Óbitos maternos (1921 1924) por 1.000 nascimentos	Óbitos infantis (1924) por 1.000 nascimentos	Óbitos neonatais (1924) por 1.000 nascimentos
1	Países Baixos	2.5	67.3	18.6
2	Japão	3.3	166.4	67.5
3	Inglaterra/País de Gales	3.9	75.1	33.1
4	Austrália	4.5	57.1	29.8
5	EUA	6.8	70.8	38.6

4.6 Estudo de caso de uma mulher grávida com pré-diabetes

Nesta secção, serão realizados vários testes em mulheres grávidas com diabetes gestacional e comparados com pessoas não diabéticas para compreender o comportamento da diabetes gestacional. Como vimos na secção anterior, a diabetes gestacional é um problema grave para o bebé e para a mãe, que pode levar à morte. Por isso, tentamos encontrar uma dieta alimentar ideal que possa ajudar todas as mulheres grávidas a manter os níveis de glicose dentro dos limites normais. A hiperglicemia ou a hipoglicemia têm um impacto significativo no bebé e podem levar a mãe a necessitar de uma cesariana porque o peso do bebé pode aumentar. A metodologia deste livro é baseada no diário de controlo da grávida. Este diário de controlo ajuda a determinar uma dieta equilibrada e apoia os médicos ou enfermeiros na tomada de decisões dietéticas.

4.6.1 *Equipamento experimental utilizado*

Para efetuar o teste numa mulher grávida pré-diabética, foram necessários os seguintes instrumentos e equipamento:

1. Diário de controlo da diabetes na gravidez
2. Sistema de controlo da glicose no sangue
3. Tiras de teste de glucose no sangue
4. Folhetos do guia do utilizador

O diário de monitorização é utilizado para manter um registo diário do nível de açúcar no sangue de um doente. Esta informação pode ajudar o doente a ajustar a sua dieta para garantir que o nível de açúcar no sangue se encontra no nível-alvo antes do pequeno-almoço, que deve ser de 4,0-5,9 mmol/L. Depois, uma hora após cada refeição, o nível de açúcar no sangue deve ser de 4,0-7,8 mmol/L.

Este diário de monitorização ajudará o médico e o enfermeiro a dar conselhos sobre a alteração da dose de insulina ou da dieta, porque técnicas como a dieta ou as doses de insulina não são regidas por uma conceção de controlo avançada. Chamamos a estas técnicas de circuito aberto ou não controladas.

O sistema de controlo da glicemia utilizado foi o sistema de controlo da glicemia CareSens N POP, por ser seguro, rápido e prático [53, 119]. Além disso, podem ser obtidos resultados exactos em cinco segundos com uma pequena amostra de sangue (cerca de 0,5 ml). Além disso, estes dispositivos não são complicados de programar, sendo utilizados apenas dois botões, como se pode ver na **Figura 4.5**. Por conseguinte, é simples de utilizar por uma pessoa instruída ou leiga, que pode ser aconselhada por um médico ou enfermeiro.

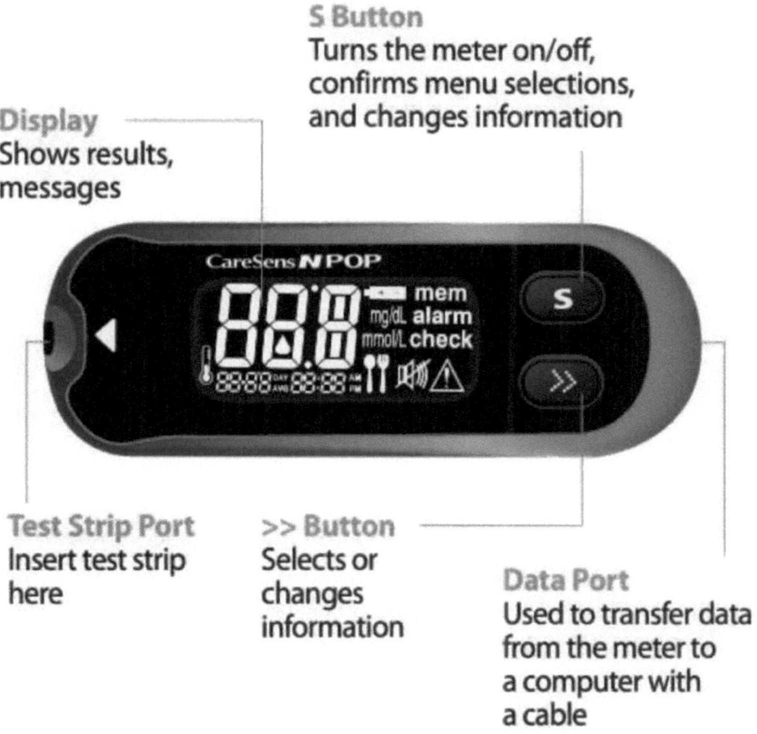

Figura 4.5: Sistema de monitorização da glucose no sangue.

4.6.2 *Instalação experimental*

Antes de realizar a experiência, é importante preparar a data e a hora, bem como o som. Estes componentes são cruciais nesta experiência, incluindo o medidor de glucose no sangue CareSens N POP e as tiras-teste de glucose no sangue CareSens N.

Existe outro dispositivo: carelance (dispositivo de punção capilar) e lancetas. É importante notar aqui que as tiras-teste de glicemia CareSens N requerem mais investigação, uma vez que as tiras-teste são consideradas caras, são de utilização única e têm uma data de validade, pelo que é necessário utilizar novas tiras-teste para cada medição. No entanto, o sistema de controlo do sangue CareSens N mede o nível de açúcar no sangue de forma rápida e precisa, absorvendo a amostra de sangue como se mostra na **Figura 4.6** [53, 119].

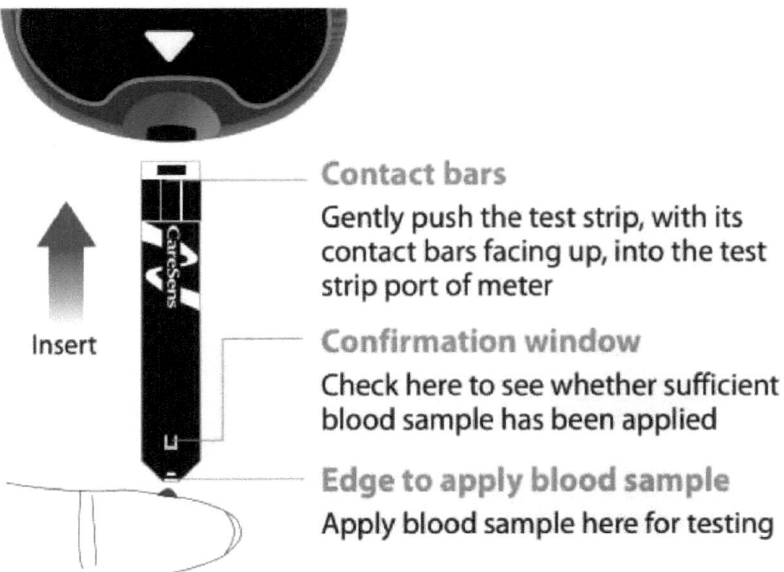

Figura 4.6: A interligação de um sistema de controlo da glicemia com a tira-teste e uma amostra de sangue.

O doente tem de premir o botão ">>" no medidor de glicemia CareSens N, inserir a tira-teste na porta e, em seguida, utilizar o dispositivo de punção capilar para obter uma amostra de sangue. Depois disso, o dispositivo de punção capilar deve ser eliminado e não pode ser utilizado novamente. A lanceta e o dispositivo de punção são apresentados na **Figura 4.7** [119].

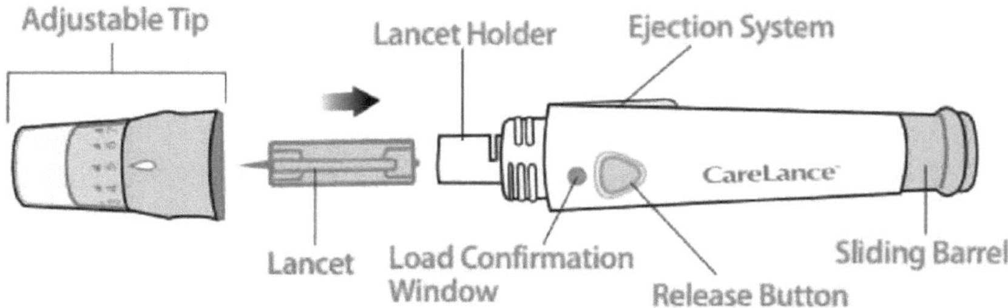

Figura 4.7: O dispositivo de punção e o procedimento para inserir a lanceta.

O procedimento de preparação do dispositivo de punção é descrito em seis fases em [119].

Os primeiros passos são lavar as mãos, desenroscar a ponta do dispositivo de punção capilar para inserir uma nova lanceta e puxar o tambor deslizante. Após a conclusão do teste, a lanceta usada é deitada fora. As experiências podem ser efectuadas de acordo com os seguintes testes:

4.6.3 *Ensaio 1*

Este teste foi apresentado em [16] e foi efectuado com uma mulher grávida que tinha diabetes gestacional entre a semana 27 e a semana 32 do período de gravidez. O objetivo deste teste é ver e compreender o comportamento da diabetes sob vários tipos de ingestão de alimentos e como podemos controlar a diabetes para que esteja dentro dos limites normais.

A Tabela 4.3 apresenta a lista dos testes de glicemia efectuados dia a dia na grávida, em que o teste foi realizado antes do pequeno-almoço para detetar o caso de hipoglicemia. Verificámos que a hipoglicemia não é pré-existente, o que é uma indicação positiva. No entanto, nos outros testes, como uma hora após o pequeno-almoço, uma hora após a refeição do meio-dia e uma hora após a refeição do meio da noite, é evidente que os testes uma hora após o pequeno-almoço são um caso mais descontrolado, em que há muitos resultados de níveis de glicose no sangue acima do intervalo normal. Todos estes resultados são apresentados na **Figura 4.8**.

Tabela 4.3 Níveis médios de açúcar no sangue em grávidas com pré-diabetes (diabetes gestacional).

N.º de dias	Antes do pequeno-almoço	Uma hora após o pequeno-almoço	Uma hora após a refeição do meio-dia	Uma hora após a refeição do meio da noite
1.	4.1	7.4	7.4	7
2.	4.3	8.3	5.2	7.7
3.	4.3	9.4	7.3	5.7
4.	4.3	11.5	8.0	6.7
5.	4.7	8.7	6.4	5.6
6.	4.6	7.1	7.3	6.3
7.	4.2	7.3	6.4	4.2
8.	4.5	7.4	3.9	7.4
9.	4.3	9.8	5.2	7.3
10.	4.7	8.1	5.4	5.9
11.	4.9	8.2	8.8	11.1
12.	4.7	7.8	7.6	6.9
13.	4.1	7.6	5.7	7.7
14.	4.3	7.9	6.1	6.1
15.	4.3	6.1	6.7	6.5
16.	4.3	5.7	4.7	8.0
17.	4.3	7.1	6.4	4.6
18.	4.6	5.1	5.5	8.8
19.	4.7	7.0	6.2	6.1

20.	4.3	5.8	7.2	7.6
21.	5.1	7.0	5.9	6.8
22.	4.9	6.9	6.9	7.9
23.	4.8	7.4	11.5	5.1
24.	4.1	6.8	6.3	4.7
25.	4.4	6.4	6.7	7.5
26.	4.5	7.0	7.3	7.0
27.	4.5	6.2	9.2	8.6
28.	4.8	7.2	8.8	7.0
29.	4.1	0.8	8.7	9.4
30.	4.6	6.2	6.7	7.5

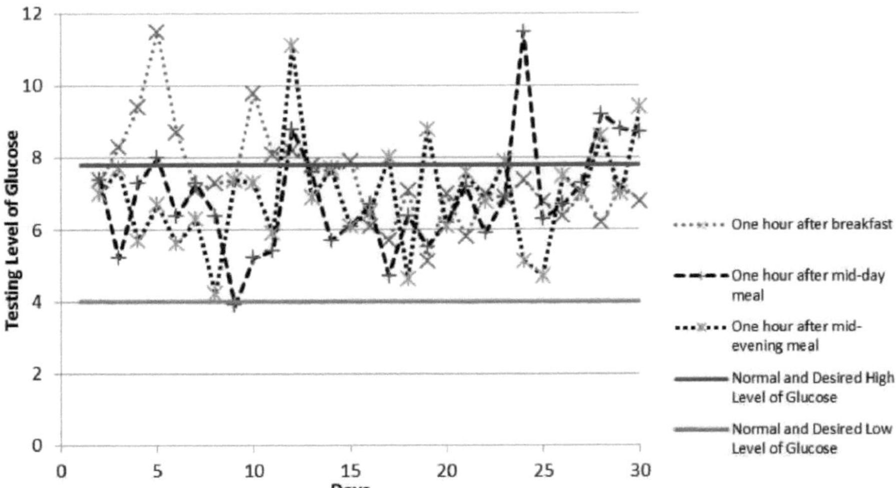

Figura 4.8: Diabetes gestacional numa mulher grávida, em que a linha azul indica o nível alvo de glucose.

Os resultados do teste do nível de glucose no sangue numa mulher grávida, dia após dia, estão listados na Tabela 4.3. A partir da **Figura 4.8**, verificamos que mesmo os alimentos com baixo teor de gordura, como o queijo, o iogurte e os cereais, provocam o aumento da glicemia para além do nível-alvo. No entanto, a tosta castanha com ovos ajuda a manter a glicemia no nível pretendido. Verificamos que estes alimentos mantêm o nível de glucose no sangue no intervalo normal. A partir da **Figura 4.8**, verificamos que a diabetes gestacional não é controlada, podendo aumentar após o pequeno-almoço, a meio do dia ou a meio da noite. Assim, o pâncreas artificial pode ser uma solução para este problema, em que o peso do bebé na mulher grávida pode aumentar para mais de 4 kg, levando ao parto por cesariana.

Da análise dos resultados obtidos, verificamos que o nível de açúcar após o pequeno-almoço não é controlado, o que é considerado como a principal perturbação para a conceção do pâncreas artificial. Recomendamos que estes testes sejam efectuados de acordo com a **Tabela 4.4**. Isto fará parte de um trabalho futuro.

Quadro 4.4 Intervalos-alvo de glucose no sangue

Não.	País	Alcance do objetivo
1	Jejum	
2	Japão	
3	Antes do pequeno-almoço	
4	2 horas após o pequeno-almoço	
5	Refeição antes do meio-dia	
6	2 horas após a refeição do meio-dia	
7	Refeição antes da noite	
8	2 horas após a refeição da noite	
9	Pré-cama	
10	Durante a noite	

Muitas publicações que se concentram na diabetes adoptam mais frequentemente a abordagem do tipo de alimento, uma vez que é a principal causa da alteração do nível de glicose no sangue em relação ao intervalo normal; por exemplo, existem muitos estudos sobre a diabetes, especialmente a diabetes de tipo 1, realizados com o seguinte teste nos participantes, em que a refeição do meio-dia consiste numa sanduíche de salada de fiambre, atum ou queijo e snacks de hidratos de carbono, enquanto a refeição do meio da noite consiste em massa ou frango, puré de batata ou lasanha de carne com pão de alho. O pequeno-almoço é composto por torradas de cereais integrais com compota ou fruta, ou cereais integrais de pequeno-almoço e fruta com leite. O Freestyle Navigator CGM foi usado pelos autores em [4], e como mostrado na **Figura 4.9**, onde o recetor e o transmissor podem ser vistos.

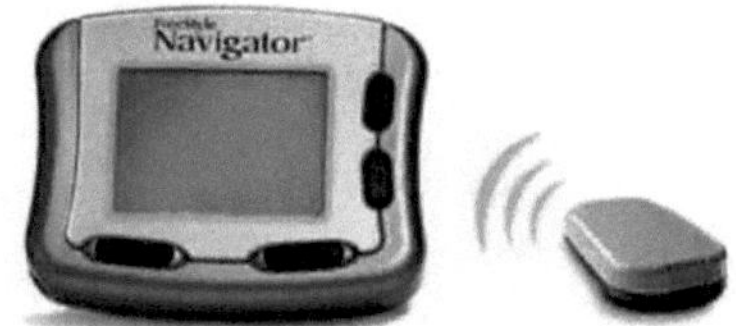

Figura 4.9: Monitorização da glucose do FreeStyle Navigator.

Doze mulheres completaram ambas as visitas de estudo, com os dados demográficos resumidos na **Tabela 4.5** [4].

Quadro 4.5 Dados demográficos dos 12 participantes

Não.	Características	Média	Desvio padrão
1	Idade (anos)	33.5	4.0
2	Gestação na visita 1 (semanas)	21.1	5.7
3	Gestação na visita 2 (semanas)	23.9	5.4
4	Duração da diabetes (anos)	18.0	9.4
5	Duração da bomba (anos)	2.8	3.4
6	HbA1c de reserva (%)	7.2	1.0
7	HbA1c antes do estudo (%)	6.4	0.5
8	Peso na visita 1 (kg)	77.3	9.8
9	Índice de massa corporal na visita 1 (kg/m)^2	27.8	3.1
10	Total diário de insulina na visita 1 (U)	50.9	20.1
11	Total diário de insulina na visita 2 (U)	58.4	22.9

Os resultados obtidos num estudo efectuado por Kumareswaran [4] são apresentados na **Figura 4.10**.

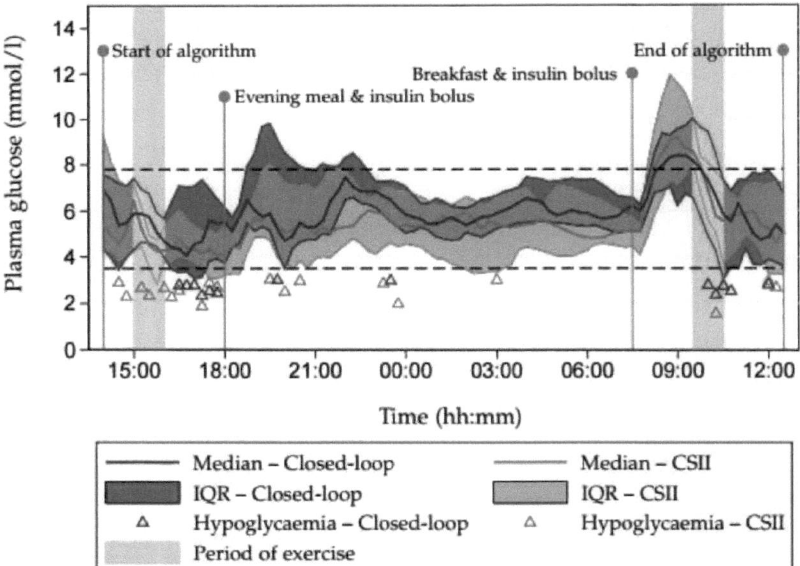

Figura 4.10: Teste de 12 mulheres grávidas com pâncreas artificial e infusão subcutânea contínua de insulina.

Os restantes testes do nível de glucose no sangue em mulheres grávidas antes do parto são enumerados no **quadro 4.6** e são efectuados utilizando o mesmo procedimento do **quadro 4.3**, tal como apresentado em [16].

Quadro 4.6 Os restantes níveis de glicose no sangue na pré-diabetes de uma mulher grávida antes do parto.

N.º de dias	Antes do pequeno-almoço	Uma hora após o pequeno-almoço	Uma hora após a refeição do meio-dia	Uma hora após a refeição do meio da noite
1.	4.6	6.2	6.7	7.5
2.	4.1	7.8	7.6	6.5
3.	4.4	6.0	7.2	5.9
4.	5.1	7.8	8.8	6.6
5.	4.9	4.8	7.7	7.3
6.	4.6	6.8	6.3	6.9
7.	4.7	7.7	7.4	6.9
8.	4.6	7.3	9.7	6.9
9.	4.9	4.7	7.6	6.8
10.	5	6.9	8.5	7
11.	4.7	5.3	6.7	6.9
12.	4.8	8.5	7.5	6.8
13.	4.3	8.6	9.6	7.3
14.	4.6	6.8	6.6	7.2
15.	4.3	6	7.5	7.8
16.	4.7	8.7	6.5	9.2
17.	4.2	4.8	7	9.6
18.	4.6	7.6	6.6	9.2
19.	4.5	7	7.5	7.8
20.	3.9	6.8	5.2	9.2
21.	4.6	5.6	5.9	5.2
22.	4.6	7.4	7.5	5.2
23.	4.5	7.3	9	10.2
24.	4.5	6.4	6.4	8.2
25.	4.6	6.5	7.6	8.9
26.	5	6.9	6.8	6.3
27.	4.7	7	6.1	8.2
28.	4.9	5.8	5.8	6.8
29.	4	6.9	4.9	7.7
30.	5.3	6.6	8.5	9
31.	4.7	7	7.8	7
32.	7.5	6.5	5.8	6.7
33.	4.6	8.4	8.9	5.3
34.	4.6	6	11.4	7.6
35.	4.8	8	5.8	8.8
36.	4.6	7	7.6	5.4
37.	4.7	7.2	7.3	7.6
38.	4.6	7.6	6.5	7.5
39.	4.6	8.3	6.2	5.1
40.	4.1	6.1	5.3	6.4
41.	4.5	5.6	7.6	5.7
42.	4.6	6.9	7.5	6.3
43.	5.1	6.9	6.4	7.4
44.	4.6	9.2	5.7	7.1
45.	4.6	6.7	8.9	6
46.	4.3	7.8	7	6.2

4.6.4 *Ensaio 2*

Seis dias depois de a mulher grávida com diabetes gestacional ter dado à luz o seu bebé, foi realizada a seguinte experiência:

A pessoa não diabética foi comparada com esta mulher que tinha diabetes gestacional, tendo sido preparados para este teste os mesmos alimentos com o mesmo valor. A comida incluía um doce e bolos, e também pratos com elevado teor de hidratos de carbono. Os resultados obtidos estão listados na **Tabela 4.7.**

Quadro 4.7 Comparação entre uma mulher sem diabetes e uma mulher com diabetes gestacional seis dias após o parto

Casos	Diabetes gestacional	Não-diabetes
Antes do pequeno-	4,9 mmol/L	5,3 mmol/L
Uma hora após o pequeno-almoço	13,4 mmol/L	5,8 mmol/L

Na **Tabela 4.7,** verificamos que a diabetes na mulher grávida ainda não está controlada. É por isso que a grávida foi aconselhada a seguir uma dieta sem qualquer exercício, e as análises de sangue de controlo estão indicadas no **quadro 4.6**. Não só acompanhámos a análise do nível de glicose no sangue da grávida antes do parto, como também realizámos análises após o parto, como indicado no **quadro 4.8**.

Quadro 4.8 Teste do nível de glicose no sangue após o parto numa grávida com pré-diabetes (diabetes gestacional).

N.º de dias	Antes do pequeno-almoço	Uma hora após o pequeno-almoço	Uma hora após a refeição do meio-dia	Uma hora após a refeição do meio da noite
1.	4.2	4.9	7.5	7.5
2.	4.7	8.3	6.7	7.5
3.	4.9	13.4	4.4	7.6
4.	4.6	6.3	6.4	5.6
5.	4.7	7.2	7	6.9
6.	4.4	6.9	5.9	7
7.	4.4	4.4	5.9	7.4
8.	5.2	5.7	6.5	7.4
9.	5.2	6.8	7.5	4.2
10.	4.7	7.2	7.6	7.8
11.	4.3	5.8	6.3	5.9
12.	4.5	6.7	5.9	7
13.	4.7	6.3	4.8	5.2
14.	4.3	7.4	4.3	7.2
15.	4.5	5	9	7
16.	4.2	7.5	5.2	6.8
17.	4.9	6.2	6.4	6.7
18.	4.6	5.9	10.2	7.5
19.	4.4	5.1	6.2	5

20.	4.7	5.9	5.3	7.9
21.	4.6	6	7.7	6.3
22.	4.4	6.2	7.4	7
23.	4.6	6.7	6.9	4.8

4.6.5 *Ensaio 3*

O terceiro teste é considerado uma novidade a nível mundial, tendo sido efectuado em jejum durante 20 horas e tendo sido estabelecida uma comparação entre a pessoa não diabética e a pessoa com pré-diabetes. O principal objetivo é determinar se o jejum tem impacto nos doentes com diabetes ou nos que jejuam durante o mês sagrado do Ramadão, e se pode ajudar a aliviar os sintomas da diabetes. Este teste pode indicar oportunidades para futuros investigadores sobre a forma de encontrar um tratamento para a diabetes.

De facto, é difícil encontrar doentes que sigam um período de jejum sem ingestão de alimentos ou líquidos entre a 01:00 e as 22:00, especialmente mulheres a amamentar. **A Tabela 4.9** apresenta os resultados obtidos.

Quadro 4.9 Comparação entre o jejum de 20 horas por dia de um não-diabético e de um pessoa com diabetes gestacional...

Tempo	Caso	Diabetes gestacional (mmol/L)	Não-diabetes (mmol/L)
02:00	Iniciar o jejum	5.9	6.4
10:00	Jejum	4.2	5.0
17:00	Jejum	3.9	4.8
21:00	Jejum	3.3	4.7
22:00	Pequeno-almoço	9.8	6.3

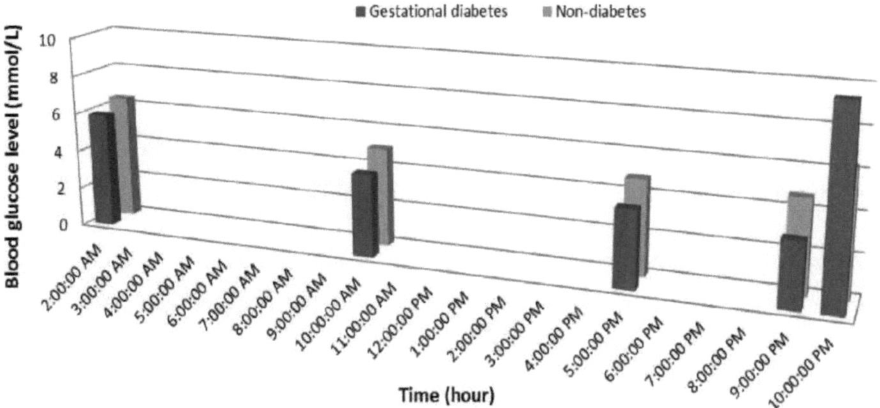

Figura 4.11: O primeiro teste internacional de uma pessoa em jejum de 20 horas por dia.

A insulina é libertada continuamente na corrente sanguínea de uma pessoa saudável através de um sistema automático, em que, após 5-6 minutos, a insulina é rapidamente destruída, mas o efeito nas células pode durar 0,5-1 horas. O principal problema com um pâncreas artificial é que, se a insulina for libertada na corrente sanguínea, o pâncreas artificial apenas evita a injeção de insulina.

Numa pessoa não diabética, quando o nível de glucose no sangue aumenta, o nível de insulina deve aumentar. No entanto, na diabetes gestacional, a resistência à insulina ou a falta de insulina leva a um aumento do nível de glucose que se designa por hiperglicemia. Este teste é muito importante para a conceção do pâncreas artificial, em que o valor médio do nível de glicose no sangue numa pessoa não diabética é igual a 5,5 mmol/L, o que é considerado como um valor ótimo para o controlo de referência ou o controlador desejado do pâncreas artificial, como se mostra no capítulo três.

Os autores em [59] fornecem uma boa revisão dos estudos de ensaios clínicos até 2017.

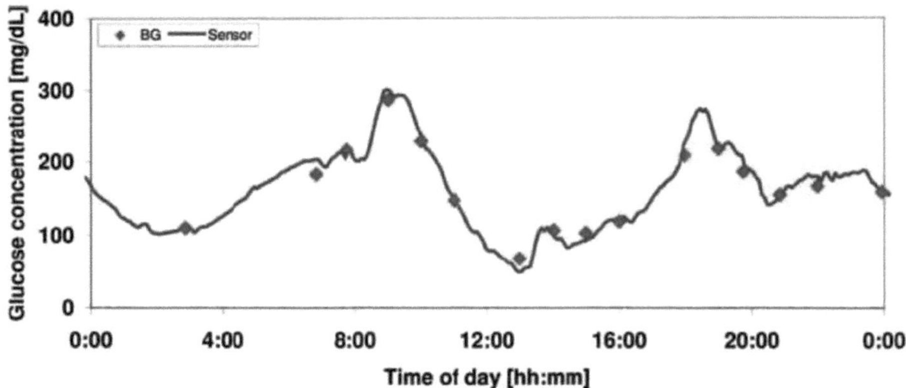

Figura 4.12: Exemplo de um traçado de monitorização contínua da glucose e das medições de glucose no sangue correspondentes [33].

A diabetes em mulheres grávidas pode causar mais casos de bebés de tamanho excessivo, taxas mais elevadas de defeitos congénitos, parto pré-termo e nados-mortos do que noutras mulheres grávidas. Por isso, alguns investigadores tentaram criar um pâncreas artificial; por exemplo, investigadores da Universidade de Cambridge afirmaram ter registado o primeiro parto natural de uma mãe com diabetes, em que foi utilizado um pâncreas artificial [132]. De acordo com Stewart, o tratamento da diabetes em mulheres grávidas pode ser um desafio devido à variação dos níveis hormonais e da glucose no sangue, que pode ser difícil de prever.

Por exemplo, **a figura 4.13** mostra que o nível de glicose no caso de uma refeição falhada não é aceitável, como demonstrado por Zavitsanou [28]. Além disso, o nível de glucose no sangue aos 600 minutos (10 horas) está aumentado em 45 mg/dl acima do intervalo normal. Este facto conduz definitivamente a um caso de hiperglicemia.

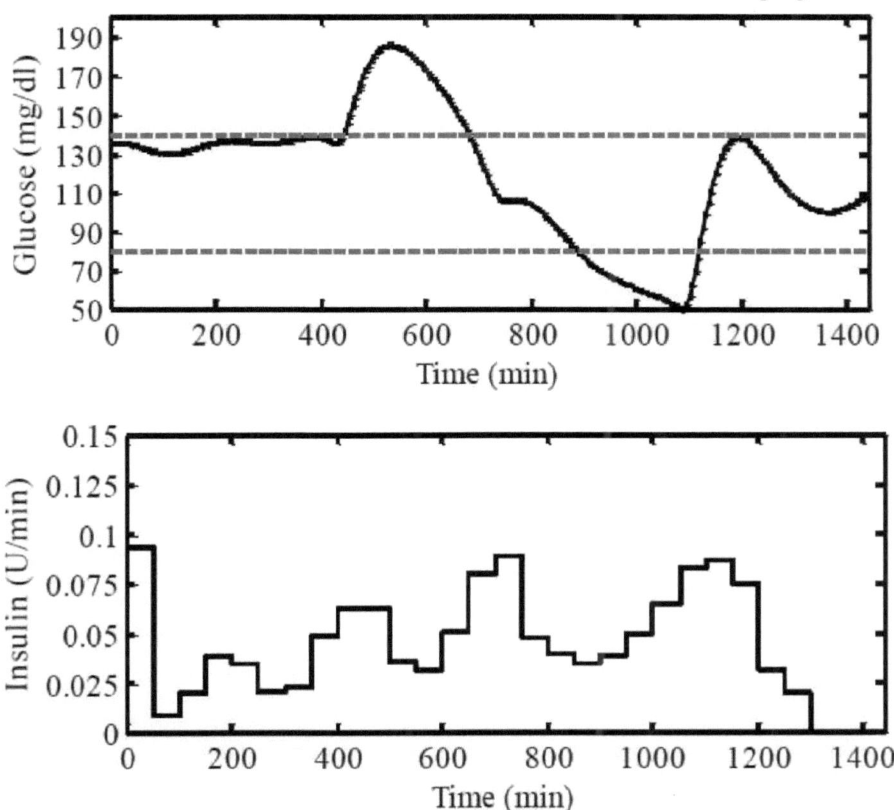

Figura 4.13: Um exemplo para mostrar o impacto de uma refeição perdida (a 720 min.), do pequeno-almoço (45 g a 420 min.) e da refeição do meio-dia (60 g a 1080 min.), tal como apresentado por Zavitsanou [28].

Além disso, é evidente que são necessários mais estudos sobre as especificações de controlo para evitar a queda acentuada da concentração de glicose.

O período de 24 horas de mulheres grávidas com um pâncreas artificial foi estudado e avaliado por Kumareswaran [4], onde se verificou que o pâncreas artificial era eficaz, mas a precisão da monitorização contínua da glucose era menor durante o exercício. Estes pâncreas artificiais têm limitações, como as refeições e as actividades físicas, que reduziram o desempenho ótimo do pâncreas artificial durante o dia.

4.7 Consequências do não tratamento da diabetes gestacional

Como já foi referido, a diabetes gestacional tem um impacto grave tanto na mãe como no bebé. Nesta secção, serão discutidas algumas das consequências do não tratamento da diabetes gestacional. A diabetes gestacional é uma entidade clínica que pode causar macrossomia, traumatismo de parto e hipoglicemia neonatal. De facto, a diabetes gestacional pode ter um impacto significativo na vida futura da mãe e pode aumentar a morbilidade fatal e neonatal [22].

Alguns investigadores [22, 133-136] descobriram que, na diabetes gestacional, há uma diminuição de aproximadamente 21% na sensibilidade à insulina, que ocorre às 12-14 semanas do período de gravidez, enquanto às 34-36 semanas se verificou uma diminuição de 56% na insulina. Isto implica que as mulheres grávidas com diabetes gestacional devem prestar mais atenção ao tipo de alimentos na sua dieta no final da gravidez.

A diabetes gestacional pode ter efeitos sobre o bebé, tais como um risco acrescido de nado-morto e de crescimento fetal aberrante, traumatismos hematológicos e de nascimento [137, 138]. Além disso, a diabetes gestacional pode aumentar a mortalidade perinatal, os microssomas [139], a cesariana e a hipoglicemia neonatal. Em [22, 140] é feita uma comparação entre mulheres em gestação convencional (n=1316) e aquelas em terapia intensificada (n=1145). **A Tabela 4.10** demonstra os detalhes dessa comparação entre mulheres diabéticas gestacionais tratadas e não tratadas.

Tabela 4.10 Resultados perinatais da diabetes gestacional não tratada e tratada.

Não.		Langer et al.		Crowther et al.	
		Não tratado	Tratados	Não tratado	Tratados
1	Macrossomia (%)	16.8	7.0	21	10
2	LGA (%)	29.4	10.7	22	13
3	Índice Ponderal (>2,85) (%)	21.7	13.8		
4	Admissão na UCI neonatal (%)	24.1	6.0	61	71
5	Complicações metabólicas (%)	29.0	10.0	14	16

6	Complicações respiratórias (%)	12.0	2.0	4.0	5.0
7	Distócia de ombro (%)	2.5	0.9	3.0	1.0
8	Nado-morto (por 1000)	5.4	3.6	6.0	0.0
9	C/S (%)	23.7	23.2	32	31
10	n	555	1110	510	490

4.8 Teste oral de tolerância à glicose

Em geral, a paciente com diabetes gestacional ou uma paciente com história familiar ou outros factores associados à diabetes deve fazer um teste oral de tolerância à glicose (GTT), glicose aleatória ou medir os resultados da hemoglobina glicada (HbA1c) [141]. Neste livro, discutiremos apenas o GTT.

Embora a GTT possa provocar náuseas, desmaios ou tonturas, é uma medida muito útil para o médico ou para o pessoal do departamento de bioquímica ou de flebotomia. O objetivo da GTT é investigar se o paciente ou a mulher com diabetes gestacional após o parto continua a sofrer de diabetes, avaliando a resposta do organismo a uma dose de uma bebida açucarada [142].

Normalmente, nos testes de glicemia, pede-se ao doente que não coma nem beba (exceto água) durante as oito horas anteriores à consulta. Além disso, o médico ou enfermeiro costuma dar ao paciente uma bebida açucarada após a colheita da amostra de sangue, e uma nova amostra de sangue será colhida duas horas depois. Uma vez que o doente não pode comer nem beber nada, exceto água, durante o teste GTT, nem movimentar-se excessivamente, aconselhamos que os doentes que realizam o teste tragam um livro, um leitor de MP3 ou qualquer outra coisa para ocuparem o seu tempo sem se esforçarem ou incomodarem os outros doentes, como mostra a **Figura 4.14**.

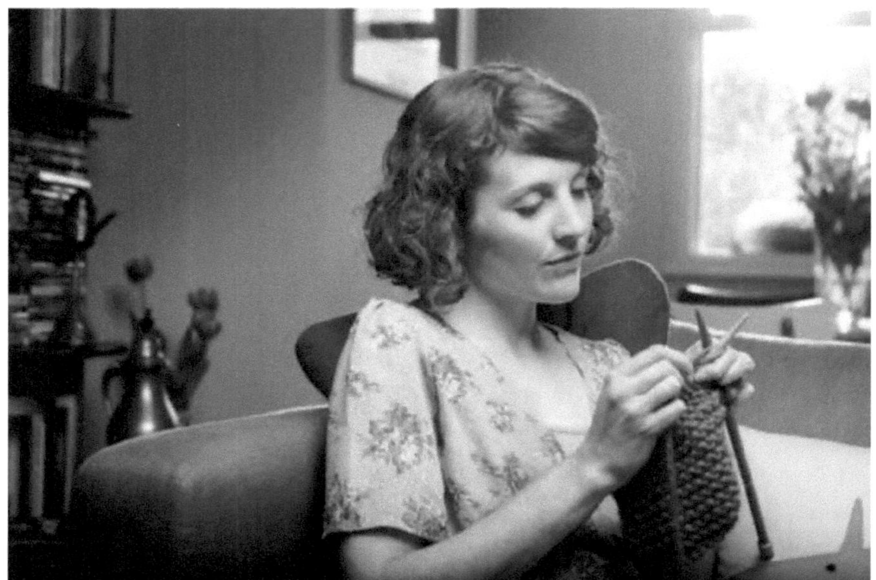

Figura 4.14: Um exemplo de utilização do tricô enquanto se espera por um teste de tolerância à glucose.

O resultado do GTT pode ser classificado conforme apresentado na **Tabela 4.11** [142].

Tabela 4.11 Classificação do teste oral de tolerância à glucose [142].

Diagnóstico	Concentração de glicose (mmol/L)		
	Amostra em jejum		Amostra de 2 horas
Controlo normal da glicose (não diabético)	Menos de 6,1	e	Menos de 7,8
Diabetes mellitus (diabético)	Maior ou igual a 7,0	e/ou	Maior ou igual a 11,1
Tolerância à glucose diminuída	Menos de 7,0	e	Entre 7,8 e 11,0
Glicemia de jejum alterada	Entre 6.1 e 6.9	e	Menos de 7,8

Para mais pormenores, o livro de texto [22] é o melhor guia. As mulheres grávidas devem controlar o seu nível de açúcar no sangue em todas as ocasiões, porque um mau controlo do açúcar no sangue pode levar ao aborto espontâneo e a malformações congénitas [22]. Assim, as mulheres grávidas devem evitar tanto a hipoglicemia como a hiperglicemia, uma vez que estas condições podem levar a complicações como a marosia (peso elevado à nascença), a mio-hipertrofia cardíaca, problemas respiratórios e traumatismos de parto [22]. Por conseguinte, os investigadores a nível internacional devem esforçar-se por desenvolver o pâncreas artificial.

4.9 Resumo

As pessoas que consomem muito álcool e praticam pouco exercício físico correm o risco de sofrer de diabetes. Além disso, as mulheres grávidas correm o risco de hipoglicémia ou hiperglicémia. Por conseguinte, é vital que o pâncreas artificial seja desenvolvido, tal como descrito no capítulo 3.

Neste capítulo, aconselhamos as mulheres com pré-diabetes a comerem torradas castanhas com ovos ao pequeno-almoço, enquanto que nas outras refeições a mulher grávida pode comer uma maçã ou massa; aconselhamos também que o arroz e o pão devem ser evitados durante a gravidez. Alguns estudos mostram que existem certas plantas que são úteis para manter o pâncreas saudável, como a *Gentiana Lutea*, *Equisetum Arvense* (também conhecida como cavalinha), *Calendula Officinalis*, *Tavaxacum Officinale* e *Origanum Vwlgare*. Estes podem ajudar a gerar insulina. Este aspeto requer uma investigação mais aprofundada e pode levar ao desenvolvimento de novos medicamentos que ajudem a estimular o pâncreas a voltar à atividade para os doentes com diabetes. Por exemplo, no que diz respeito ao material em gel que está a ser utilizado na Universidade De Montfort para criar um pâncreas artificial, aconselhamos a equipa de investigação a investigar estas plantas. Isto pode ajudar a identificar novas abordagens para o tratamento do pâncreas em doentes diabéticos sem a necessidade de efetuar uma operação cirúrgica. Foi afirmado que a cavalinha pode ajudar o pâncreas a desempenhar as suas funções se for tomada nas primeiras cinco semanas após o diagnóstico de diabetes [143]. De acordo com o Top Natural Remedies, foi provado que a cavalinha é anti-diabética após um estudo efectuado em ratos.

Capítulo 5: Conclusão e trabalho futuro

5.1 Conclusão geral

É nossa intenção utilizar o passado e o presente para desenvolver um guia para o futuro. Vale a pena mencionar que o pâncreas é um órgão vital no corpo humano, onde controla os níveis de glucose no sangue. O nosso objetivo é tornar o pâncreas artificial fiável, reduzir os erros e criar a possibilidade de um dispositivo implantável a longo prazo com insulina de ação mais rápida, maior durabilidade e reconhecimento e mitigação precoce de falhas. Estes objectivos devem ser uma prioridade para todos os investigadores e cientistas no domínio da diabetes e dos dispositivos de pâncreas artificial.

Este livro apresenta uma revisão crítica do pâncreas artificial. Também apresenta uma nova estratégia proposta que pode facilmente descobrir a função de transferência da pessoa não diabética, onde é necessário medir a insulina criada pelo pâncreas no corpo, para que possamos então estimar a função de transferência. Com base nesta função de transferência, podemos identificar o controlo ideal para um pâncreas artificial que consiste no sensor de glicose e no procedimento de controlo, como o modo de controlo interno e a bomba de insulina. A partir do teste de jejum para não diabéticos, verificamos que as referências ao nível de glicose no sangue devem ser de 5,5 mmol/L, o que ajudará na conceção do pâncreas artificial. Por conseguinte, em vez de fazer variar o intervalo entre 4 e 7,8 mmol/L, temos de utilizar o ponto único de 5,5 mmol/L, uma vez que este ponto dá um intervalo de tolerância para que os níveis de glucose no sangue atinjam 7,8 mmol/L ou reduzam para 4 mmol/L. Assim, podemos evitar tanto a hipoglicemia como a hiperglicemia. Além disso, o pâncreas artificial terá flexibilidade durante o processo de conceção. Têm sido utilizadas muitas técnicas de controlo para regular a concentração de glicose no sangue em doentes com diabetes tipo 1. Do nosso ponto de vista, o procedimento de controlo, como um modo de controlo interno ou um controlador PID, é suficiente para esta função de transferência. Os diferentes controladores PID são discutidos no capítulo três. No entanto, não é claro onde está a proteção da pessoa quando o controlo falha e há um mau funcionamento. A questão-chave aqui é: como é que o doente saberá que o pâncreas artificial está a falhar? Um pâncreas artificial requer calibração, que pode ser efectuada pelo doente ou por uma empresa que produza o dispositivo, e este é considerado um dos objectivos deste livro.

O transplante de pâncreas foi fundamentalmente revisto e pode ser utilizado em função da decisão dos especialistas em cirurgia, dos médicos e da disponibilidade do pâncreas retirado de um dador. Além disso, nesta investigação, recomendamos que as mulheres grávidas mantenham o seu nível de glucose no sangue a um nível aceitável. As mulheres grávidas têm dificuldade em manter o seu nível de glucose no sangue dentro de um parâmetro seguro, especialmente durante a noite. Quando o nível de glicose no sangue é elevado, pode causar problemas graves ao bebé, como a morte ou uma deformidade grave. Por outro lado, uma glicemia baixa (hipoglicemia) pode levar ao coma e, potencialmente, à mortalidade materna. O estudo de caso de uma mulher grávida com pré-diabetes foi examinado com esta abordagem e conseguimos controlar o nível de glicose no sangue até ao nível-alvo de 4,0-7,8 mmol/L. Assim, embora o controlo do pâncreas artificial esteja a ser desenvolvido, em termos práticos ainda é imperfeito se for comparado com o de uma pessoa não diabética. Por conseguinte, o controlo do nível de açúcar no sangue através do pâncreas artificial requer uma maior atenção.

Um teste oral de tolerância à glicose (GTT) é normalmente efectuado num doente com sintomas de diabetes, história familiar, análises sanguíneas anteriores ou outros factores que possam indicar que o doente tem diabetes.

O GTT ajuda o médico a diagnosticar se o doente tem diabetes ou uma doença relacionada que o pode levar a desenvolver diabetes no futuro. Assim, o médico pode fornecer o tratamento ideal para reduzir as complicações de saúde relacionadas com a diabetes numa fase inicial, ou para atrasar esses problemas. Vale a pena referir aqui que um teste oral de tolerância à glucose é muito importante para evitar diagnósticos incorrectos, tal como discutido em pormenor no capítulo quatro. O tratamento correto da diabetes gestacional é vital para o bem-estar da mãe e do bebé.

5.2 As complicações da diabetes

Tal como referido nos capítulos anteriores, e de acordo com [52], a diabetes pode afetar os olhos, os rins, o sistema nervoso, o coração, etc. Se a diabetes não receber tratamento adequado, os vasos sanguíneos na parte de trás do olho podem ser afectados e resultar em deficiência visual ou cegueira. O coração e o sistema vascular também podem ser afectados, podendo ocorrer coágulos de sangue nos vasos das pernas e outras complicações, como insuficiência renal e lesões nervosas. Por conseguinte, considera-se que a diabetes conduz a outras doenças graves.

5.3 Implicações desta investigação e conselhos para as mulheres grávidas

Os bebés de mulheres com diabetes podem morrer nos primeiros três meses de gravidez ou o seu peso pode aumentar e levar a uma cesariana.

Por conseguinte, o capítulo quatro é considerado um estudo de caso na vida real e discutiu o procedimento para manter o nível de glicose no sangue no intervalo ótimo em mulheres grávidas, embora seja difícil conseguir a participação de pessoas que sigam os conselhos e sugestões durante um período de tempo, especialmente no caso das mulheres grávidas e do controlo da sua alimentação.

São muitas as complicações da diabetes, tanto em mulheres grávidas como em crianças e outras pessoas. A hipoglicemia e a hiperglicemia podem afetar os rins, o coração e o sistema nervoso. Por isso, este livro apresenta uma revisão abrangente e crítica dos estudos recentes sobre o pâncreas artificial. Além disso, propõe uma nova abordagem para melhorar o pâncreas artificial, como, por exemplo, melhorar a alimentação da bateria utilizando uma célula solar para carregar a bateria do dispositivo. Além disso, a conceção do controlo do pâncreas artificial foi apresentada em pormenor. Este livro foi escrito por especialistas que estão altamente familiarizados com o design de controlo e publicaram um livro com novas contribuições no domínio da eletrónica de potência. Este livro também produziu conhecimentos sobre as consequências da diabetes gestacional em mulheres grávidas. Aconselhamos todas as mulheres grávidas com diabetes gestacional a lerem o capítulo quatro.

5.4 Trabalho futuro, recomendações e sugestões

Os governos de todo o mundo devem apoiar e fornecer informações às pessoas com diabetes, financiando a investigação para melhorar o estilo de vida das pessoas com diabetes e sensibilizar para questões importantes para as pessoas que vivem com a doença. Existem muitas organizações com e sem fins lucrativos que apoiam a investigação para tratar e reduzir o risco da diabetes e das suas complicações. Alguns destes fundos e apoios foram abordados no capítulo dois.

Embora o pâncreas artificial tenha muitas vantagens, também pode ter inconvenientes, como o custo e o facto de fazer com que o doente com diabetes se lembre do seu estado por estar ligado ao corpo. No entanto, o pâncreas artificial continua a ser mais conveniente do que o transplante ou a toma manual de comprimidos ou injecções. No entanto, o pâncreas artificial enfrenta os seguintes desafios:

1. Segurança do doente
2. Reduzir os efeitos secundários
3. Flexibilidade para se adaptar à evolução das características dos doentes

A superação destes três desafios ajudará o pâncreas artificial a tornar-se fiável em todo o mundo, independentemente de alguns países terem um fornecimento de eletricidade interrompido aleatoriamente. Além disso, é necessária mais investigação no que diz respeito ao controlo do pâncreas artificial, de modo a atingir o nível e o comportamento do pâncreas de uma pessoa não diabética.

Referências

[1] A. H. A. Abu-Rmileh, "Técnicas de controlo e modelação em engenharia biomédica: o pâncreas artificial para pacientes com diabetes tipo 1", Universidade de Girona. 2013.

[2] H. H. Fink e A. E. Mikesky, *Aplicações práticas em nutrição desportiva*: Jones & Bartlett Learning, 2017.

[3] N. F. M. Nasir, M. Z. A. Muin, R. Nagarajan, M. Y. Mashor, A. Mohamad, e N. A. Rahim, *Artificial Pancreas Rejection Mechanism*, 2010.

[4] K. Kumareswaran, "Closed-loop insulin delivery in adults with type 1 diabetes", Universidade de Cambridge, 2012.

[5] L. Schetky, P. Jardine, and F. Moussy, "A closed loop implantable artificial pancreas using thin film nitinol MEMS pumps", in *Proceedings of the International Conference on Shape Memory and Superelastic Technologies*, 2003, pp. 555-561.

[6] A. Haidar, "External Artificial Pancreas for Type 1 Diabetes", Universidade McGill, 2013.

[7] D. R. Whiting, L. Guariguata, C. Weil, and J. Shaw, "IDF diabetes atlas: global estimates of the prevalence of diabetes for 2011 and 2030", *Diabetes Research and Clinical Practice,* vol. 94, pp. 311-321, 2011.

[8] Organização Mundial da Saúde, 2016. Taxa de diabetes na China "explosiva", disponível em: http://www.wpro.who.int/china/mediacentre/releases/2016/20160406/en/ [Acedido: 12/06/2017].

[9] E. Innes, 2014. Fim da injeção para a diabetes? New insulin implant controls blood glucose levels without injections, Mail Online, disponível em: http://www.dailymail.co.uk/health/article-2545180/The-end-diabetes-jabs-New- insulin-implant-controls-blood-glucose-levels-without-injections.html [Acedido: 29/05/2017].

[10] M. Hod, L. G. Jovanovic, G. C. di Renzo, A. De Leiva, and O. Langer, *Textbook of Diabetes and Pregnancy, Third Edition*: CRC Press, 2016.

[11] R. A. Harvey, Y. Wang, B. Grosman, M. W. Percival, W. Bevier, D. A. Finan, *et al.*, "Quest for the artificial pancreas: combining technology with treatment", *IEEE Engineering in Medicine and Biology Magazine,* vol. 29, pp. 53-62, 2010.

[12] K. Kumareswaran, M. L. Evans e R. Hovorka, "Artificial pancreas: an emerging approach to treat type 1 diabetes", *Expert Review of Medical Devices,* vol. 6, pp. 401410, 2009.

[13] P. Soru, G. de Nicolao, C. Toffanin, C. Dalla Man, C. Cobelli, L. Magni, *et al.*, "MPC based artificial pancreas: strategies for individualization and meal compensation", *Annual Reviews in Control,* vol. 36, pp. 118-128, 2012.

[14] Diabete UK, 2015. History of diabetes, disponível em: https://www.diabetes.org.uk/About_us/Who_we_are/History/ [Acedido: 19/02/2017].

[15] R. C. Fox, *In the Field: A Sociologist's Journey*: Transaction Publishers, 2011.

[16] A. Algaddafi e A. Ali, "Proposed Procedure to Improve Performance of an Artificial Pancreas and Pancreas Transplant: Revisão", *Journal of Diabetes & Metabolism,* vol. 8, 2017.

[17] P. Frowen, M. O'Donnell, J. G. Burrow, e D. L. Lorimer, *Neale's Disorders of the Foot*: Elsevier Health Sciences UK, 2010.

[18] N. Collins e M. Coombe, *The Insulin Discovery: The Story of Dr Frederick Banting and Charles Best*: Clean Slate Press Limited, 2007.

[19] Process Engineering Control & Manufacturing, InSmart - Keeping it Simple, Renfrew Group International, disponível em: http://pecm.co.uk/insmart-keeping-it-simple/ [Acedido em: 01/04/2017].

[20] B. P. Kovatchev, "Diabetes technology: markers, monitoring, assessment, and control of blood glucose fluctuations in diabetes", *Scientifica,* vol. 2012, 2012.

[21] D. Boiroux, J. B. J0rgensen, N. K. Poulsen e H. Madsen, "Model predictive control algorithms for pen and pump insulin administration", *Universidade Técnica da Dinamarca,* 2012.

[22] M. Hod, L. Jovanovic, G. C. di Renzo, A. de Leiva, and O. Langer, *Textbook of diabetes and pregnancy*: CRC Press, 2008.

[23] Q. A. Acton, *Hypoglycemia: New Insights for the Healthcare Professional: 2013 Edition: ScholarlyBrief*: ScholarlyEditions, 2013.
[24] A. Scaramuzza, C. de Beaufort, and R. Hanas, *Research into Childhood-Onset Diabetes: From Study Design to Improved Management*: Springer International Publishing, 2016.
[25] I. H. S. Group, "Glucose concentrations of less than 3.0 mmol/L (54 mg/dL) should be reported in clinical trials: a joint position statement of the American Diabetes Association and the European Association for the Study of Diabetes", *Diabetes Care,* vol. 40, pp. 155-157, 2017.
[26] J. E. Shaw, R. A. Sicree, and P. Z. Zimmet, "Global estimates of the prevalence of diabetes for 2010 and 2030", *Diabetes Research and Clinical Practice,* vol. 87, pp. 414, 2010.
[27] Mayo Clinic Staff, 2016. Transplante de pâncreas, disponível em: http://www.mayoclinic.org/tests-procedures/pancreas-transplant/home/ovc-20202966 [Acedido: 18/02/2017].
[28] S. Zavitsanou, "Modelling, optimisation and model predictive control of insulin delivery systems in Type 1 Diabetes Mellitus", Imperial College London, 2014.
[29] De Montford University, 2014. DMU's artificial pancreas wins its creators Inventor of the Year award, disponível em: http://www.dmu.ac.uk/about- dmu/news/2014/april/dmus-artificial-pancreas-wins-creators-inventor-of-the-year- award.aspx [Acedido: 20/04/2017].
[30] *Manual de Primeiros Socorros*: Dorling Kindersley Limited, 2014.
[31] S. Gupte, *Avanços Recentes em Pediatria - 21 - Tópicos Quentes*: Jaypee Brothers, Medical Publishers Pvt. Limited, 2013.
[32] P. J. Davis e F. P. Cladis, *Smith's Anesthesia for Infants and Children E-Book*: Elsevier Health Sciences, 2016.
[33] H. Kirchsteiger, J. B. J0rgensen, E. Renard, and L. Re, *Prediction Methods for Blood Glucose Concentration: Design, Use and Evaluation*: Springer International Publishing, 2015.
[34] F. House, S. Seale, e I. B. Newman, *The 30-Day Diabetes Miracle: Lifestyle Center of America's Complete Program for Overcoming Diabetes, Restoring Health, and Rebuilding Natural Vitality [O Milagre do Diabetes em 30 Dias: Programa Completo do Centro de Estilo de Vida da América para Superar o Diabetes, Restaurar a Saúde e Reconstruir a Vitalidade Natural]*: Penguin Publishing Group, 2008.
[35] J. Henderson, *Indicted! The People vs the Medical & Drug Cartel*: Tate Pub & Enterprises LLC, 2009.
[36] D. Spero, 2016. O que é um nível normal de açúcar no sangue?, disponível em: https://www.diabetesselfmanagement.com/blog/what-is-a-normal-blood-sugar-level/ [Acedido: 18/02/2017].
[37] Association of Medical Research Charities, 2015. Bolsa de Doutoramento, disponível em: https://www.diabetes.org.uk/Research/For-researchers/Apply-for-a-grant/PhD- Studentship/ [Acedido: 19/02/2017].
[38] D. Bodicoat e K. Khunti, 2017. The impact of local neighbourhood environment on lifestyle behaviours and health outcomes, disponível em: https://www.findaphd.com/search/projectdetails.aspx?PJID=82622 [Acedido: 18/02/2017].
[39] New Hampshire, 2013. Diabetes, disponível em: http://www.dhhs.nh.gov/dphs/cdpc/diabetes/ [Acedido: 18/02/2017].
[40] A. Varma, 2013. Birmingham has highest diabetes rate in UK, disponível em: http://www.birminghammail.co.uk/news/health/birmingham-highest-diabetes-rate-uk-5729342 [Acedido: 18/02/2017].
[41] M. Gatineau, C. Hancock, N. Holman, H. Outhwaite, L. Oldridge, A. Christie *et al.*, 2014. Adult obesity and type 2 diabetes, Public Health England, disponível em: https://www.gov.uk/government/uploads/system/uploads/attachment_data/file/338934 /Adult_obesity_and_type_2_diabetes_.pdf [Acedido: 18/02/2017].
[42] Diabetes UK, 2017. PhD Studentship, disponível em: https://www.diabetes.org.uk/phd-studenthip [Acedido: 23/05/2017].
[43] B. Jephcote, 2017. Belgian company Imcyse to start human trials of type 1 diabetes vaccine, the

global diabetes community UK, disponível em: http://www.diabetes.co.uk/news/2017/may/belgian-company-imcyse-to-start-human- trials-of-type-1-diabetes-vaccine-91694496.html [Acedido: 02/06/2017].

[44] J. E. Hall, *Guyton and Hall Textbook of Medical Physiology E-Book*: Elsevier Health Sciences, 2015.

[45] D. LeRoith, S. I. Taylor, and J. M. Olefsky, *Diabetes Mellitus: A Fundamental and Clinical Text*: Lippincott Williams & Wilkins, 2004.

[46] Cruz Vermelha Americana, 2017. Blood Components, disponível em: http://www.redcrossblood.org/learn-about-blood/blood-components [Acedido em 22/05/2017].

[47] Z. Xu, Y. Jiang, and G. Zhou, "Response and adaptation of photosynthesis, respiration, and antioxidant systems to elevated CO2 with environmental stress in plants", *Frontiers in Plant Science,* vol. 6, p. 701, 2015.

[48] C. Huang, 2012. Do plants emit carbon dioxide at night?, Quora, disponível em: https://www.quora.com/Do-plants-emit-carbon-dioxide-at-night [Acedido: 24/05/2017].

[49] Lisa, 2017. What would you do if you have terminal cancer?, BBC, disponível em: https://www.facebook.com/bbcnews/videos/10155057668515659/ [Acedido em 24/05/2017].

[50] A. Bastawrous, 2014. Get your next eye examination on a smartphone, TED, disponível em: https://www.ted.com/talks/andrew_bastawrous_get_your_next_eye_exam_on_a_smar tphone?language=en&utm_campaign=social&utm_medium=referral&utm_source=fa cebook.com&utm_content=talk&utm_term=technology#t-9251 [Acedido: 23/05/2017].

[51] G. Stenstrom, A. Gottsater, E. Bakhtadze, B. Berger, and G. Sundkvist, "Latent autoimmune diabetes in adults", *Diabetes,* vol. 54, pp. S68-S72, 2005.

[52] Understanding Your Diabetes, disponível em: http://iddt.org/wp-content/uploads/2009/10/understanding_your_diabetes_20pp.pdf [Acedido em: 25/04/2017].

[53] A. D. Association, "Standards of medical care in diabetes-2014", *Diabetes Care,* vol. 37, pp. S14-S80, 2014.

[54] A. Katsarou, S. Gudbjornsdottir, A. Rawshani, D. Dabelea, E. Bonifacio, B. J. Anderson, *et al.*, "Type 1 diabetes mellitus", *Nature Reviews. Disease Primers,* vol. 3, p. 17016, 2017.

[55] S. Pal, *Design of Artificial Human Joints & Organs*: Springer US, 2013.

[56] C. Cobelli, C. D. Man, G. Sparacino, L. Magni, G. de Nicolao e B. P. Kovatchev, "Diabetes: models, signals, and control", *IEEE Reviews in Biomedical Engineering,* vol. 2, pp. 54-96, 2009.

[57] A. Brown, A. Wolf e K. Close, (2016) Introducing Beta Bionics: Bringing the iLet Bionic Pancreas to Market, diaTribe Making Sense of Diabetes, disponível em: https://diatribe.org/introducing-beta-bionics-bringing-ilet-bionic-pancreas-market [Acedido: 13/06/2017].

[58] S. Rimer, 2016. Hope for the Battle against Type 1 Diabetes, BU Today, disponível em: http://www.bu.edu/today/2016/beta-bionics-artificial-pancreas/ [Acedido: 12/06/2017].

[59] K. Turksoy, N. Frantz, L. Quinn, M. Dumin, J. Kilkus, B. Hibner, *et al.*, "Automated Insulin Delivery-The Light at the End of the Tunnel", *The Journal of Pediatrics,* 2017.

[60] J. Pickup e H. Keen, "Continuous subcutaneous insulin infusion at 25 years", *Diabetes Care,* vol. 25, pp. 593-598, 2002.

[61] B. H. Ginsberg, "Factors affecting blood glucose monitoring: sources of errors in measurement", *Journal of Diabetes Science and Technology,* vol. 3, pp. 903-913, 2009.

[62] S. K. Vashist, "Continuous glucose monitoring systems: a review", *Diagnostics,* vol. 3, pp. 385-412, 2013.

[63] A. H. Boss, R. Petrucci, and D. Lorber, "Coverage of prandial insulin requirements by means of an ultra-rapid-acting inhaled insulin", *Journal of Diabetes Science and Technology,* vol. 6, pp. 773-779, 2012.

[64] E. Almekinder, 2017. Will there be an Artificial Pancreas on the Market by 2017?, disponível em: https://www.thediabetescouncil.com/will-there-be-an-artificial-pancreas- on-the-market-

by-2017/ [Acedido: 26/04/2017].
[65] Medtronic, 2017. The World's First Hybrid Closed Loop System, disponível em: https://www.medtronicdiabetes.com/products/minimed-670g-insulin-pump-system [Acedido: 08/05/2017].
[66] A. Albisser, B. Leibel, T. Ewart, Z. Davidovac, C. Botz e W. Zingg, "An artificial endocrine pancreas", *Diabetes,* vol. 23, pp. 389-396, 1974.
[67] D. Boiroux, A. K. Duun-Henriksen, S. Schmidt, K. N0rgaard, N. K. Poulsen, H. Madsen*, et al.*, "Adaptive control in an artificial pancreas for people with type 1 diabetes", *Control Engineering Practice,* vol. 58, pp. 332-342, 2017.
[68] M. Breton e B. Kovatchev, "Analysis, modeling, and simulation of the accuracy of continuous glucose sensors", *Journal of Diabetes Science and Technology,* vol. 2, pp. 853-862, 2008.
[69] A. Datta, M. T. Ho, and S. P. Bhattacharyya, *Structure and Synthesis of PID Controllers*: Springer London, 2013.
[70] G. J. Silva, A. Datta, and S. P. Bhattacharyya, *PID Controllers for Time-Delay Systems*: Birkhauser Boston, 2004.
[71] K. Ogata, *Modern Control Engineering*: Prentice Hall, 2010.
[72] Computação científica, DTU Compute, Universidade Técnica da Dinamarca, 2017. The Artificial Pancreas - Diabetes & Control, disponível em: http://www.imm.dtu.dk/~jbjo/diabetescontrol.html [Acedido: 18/02/2017].
[73] G. M. Steil, K. Rebrin, C. Darwin, F. Hariri e M. F. Saad, "Feasibility of automating insulin delivery for the treatment of type 1 diabetes", *Diabetes,* vol. 55, pp. 3344-3350, 2006.
[74] S. A. Weinzimer, G. M. Steil, K. L. Swan, J. Dziura, N. Kurtz, and W. V. Tamborlane, "Fully automated closed-loop insulin delivery versus semiautomated hybrid control in pediatric patients with type 1 diabetes using an artificial pancreas", *Diabetes Care,* vol. 31, pp. 934-939, 2008.
[75] G. M. Steil, C. C. Palerm, N. Kurtz, G. Voskanyan, A. Roy, S. Paz*, et al.*, "The effect of insulin feedback on closed loop glucose control", *The Journal of Clinical Endocrinology & Metabolism,* vol. 96, pp. 1402-1408, 2011.
[76] M. J. O'Grady, A. J. Retterath, D. B. Keenan, N. Kurtz, M. Cantwell, G. Spital*, et al.*, "The use of an automated, portable glucose control system for overnight glucose control in adolescents and young adults with type 1 diabetes", *Diabetes Care,* vol. 35, pp. 2182-2187, 2012.
[77] J. L. Sherr, E. Cengiz, C. C. Palerm, B. Clark, N. Kurtz, A. Roy*, et al.*, "Reduced hypoglycemia and increased time in target using closed-loop insulin delivery during nights with or without antecedent afternoon exercise in type 1 diabetes", *Diabetes Care,* vol. 36, pp. 2909-2914, 2013.
[78] J. R. Castle, J. M. Engle, J. El-Youssef, R. G. Massoud, K. C. Yuen, R. Kagan*, et al.*, "Novel use of glucagon in a closed-loop system for prevention of hypoglycemia in type 1 diabetes", *Diabetes Care,* vol. 33, pp. 1282-1287, 2010.
[79] W. K. Ward, J. Engle, H. M. Duman, C. P. Bergstrom, S. F. Kim e I. F. Federiuk, "The benefit of subcutaneous glucagon during closed-loop glycemic control in rats with type 1 diabetes", *IEEE Sensors Journal,* vol. 8, pp. 89-96, 2008.
[80] A. Dauber, L. Corcia, J. Safer, M. S. Agus, S. Einis, and G. M. Steil, "Closed-Loop Insulin Therapy Improves Glycemic Control in Children Aged <7 Years", *Diabetes Care,* vol. 36, pp. 222-227, 2013.
[81] E. Renard, J. Place, M. Cantwell, H. Chevassus, and C. C. Palerm, "Closed-loop insulin delivery using a subcutaneous glucose sensor and intraperitoneal insulin delivery feasibility study testing a new model for the artificial pancreas", *Diabetes Care,* vol. 33, pp. 121-127, 2010.
[82] S. A. Weinzimer, J. L. Sherr, E. Cengiz, G. Kim, J. L. Ruiz, L. Carria*, et al.*, "Effect of pramlintide on prandial glycemic excursions during closed-loop control in adolescents and young adults with type 1 diabetes", *Diabetes Care,* vol. 35, pp. 19941999, 2012.
[83] J. Liu e X. Wang, *Advanced Sliding Mode Control for Mechanical Systems: Design, Analysis and MATLAB Simulation*: Springer Berlin Heidelberg, 2012.

[84] J. J. E. Slotine e W. Li, *Applied Nonlinear Control*: Prentice-Hall, 1991.
[85] O. Camacho, R. Rojas, and W. Garcia, "Variable structure control applied to chemical processes with inverse response", *ISA Transactions,* vol. 38, pp. 55-72, 1999.
[86] K. A. Prasad, B. M. Krishna, and U. Nair, "Modified chattering free sliding mode control of DC motor", *International Journal of Modern Engineering Research (IJMER),* vol. 3, 2013.
[87] Associação Americana de Diabetes, 2017. Living with Diabetes: Complications, disponível em: http://www.diabetes.org/living-with-diabetes/complications/ [Acedido: 19/02/2017].
[88] B. W. Bequette, "A critical assessment of algorithms and challenges in the development of a closed-loop artificial pancreas", *Diabetes Technology & Therapeutics,* vol. 7, pp. 28-47, 2005.
[89] J. L. Ruiz, J. L. Sherr, E. Cengiz, L. Carria, A. Roy, G. Voskanyan, *et al.*, "Effect of insulin feedback on closed-loop glucose control: a crossover study", *Journal of Diabetes Science and Technology,* vol. 6, pp. 1123-1130, 2012.
[90] K. Turksoy and A. Cinar, "Adaptive control of artificial pancreas systems-a review", *Journal of Healthcare Engineering,* vol. 5, pp. 1-22, 2014.
[91] F. H. El-Khatib, S. J. Russell, D. M. Nathan, R. G. Sutherlin, and E. R. Damiano, "A bihormonal closed-loop artificial pancreas for type 1 diabetes", *Science Translational Medicine,* vol. 2, pp. 27ra27-27ra27, 2010.
[92] K. Turksoy, E. S. Bayrak, L. Quinn, E. Littlejohn, and A. Cinar, "Multivariable adaptive closed-loop control of an artificial pancreas without meal and activity announcement", *Diabetes Technology & Therapeutics,* vol. 15, pp. 386-400, 2013.
[93] C. Cobelli, E. Renard, and B. Kovatchev, "Artificial pancreas: past, present, future", *Diabetes,* vol. 60, pp. 2672-2682, 2011.
[94] E. Atlas, R. Nimri, S. Miller, E. A. Grunberg e M. Phillip, "MD-logic artificial pancreas system", *Diabetes Care,* vol. 33, pp. 1072-1076, 2010.
[95] R. Nimri, E. Atlas, M. Ajzensztejn, S. Miller, T. Oron, and M. Phillip, "Feasibility study of automated overnight closed-loop glucose control under MD-logic artificial pancreas in patients with type 1 diabetes: the DREAM Project", *Diabetes Technology & Therapeutics,* vol. 14, pp. 728-735, 2012.
[96] S. D. Patek, M. D. Breton, Y. Chen, C. Solomon, and B. Kovatchev, "Linear quadratic gaussian-based closed-loop control of type 1 diabetes", *Journal of Diabetes Science and Technology,* vol. 1, pp. 834-841, 2007.
[97] R. Hovorka, D. Elleri, H. Thabit, J. M. Allen, L. Leelarathna, R. El-Khairi, *et al.*, "Overnight closed-loop insulin delivery in young people with type 1 diabetes: a free- living, randomized clinical trial", *Diabetes Care,* vol. 37, pp. 1204-1211, 2014.
[98] D. Elleri, J. M. Allen, M. Biagioni, K. Kumareswaran, L. Leelarathna, K. Caldwell, *et al.,* "Evaluation of a portable ambulatory prototype for automated overnight closed- loop insulin delivery in young people with type 1 diabetes", *Pediatric Diabetes,* vol. 13, pp. 449-453, 2012.
[99] D. Elleri, J. M. Allen, K. Kumareswaran, L. Leelarathna, M. Nodale, K. Caldwell, *et al.*, "Closed-loop basal insulin delivery over 36 hours in adolescents with type 1 diabetes", *Diabetes Care,* vol. 36, pp. 838-844, 2013.
[100] D. Elleri, J. M. Allen, M. Nodale, M. E. Wilinska, J. S. Mangat, A. M. F. Larsen, *et al.*, "Automated overnight closed-loop glucose control in young children with type 1 diabetes", *Diabetes Technology & Therapeutics,* vol. 13, pp. 419-424, 2011.
[101] R. Hovorka, J. M. Allen, D. Elleri, L. J. Chassin, J. Harris, D. Xing, *et al.*, "Manual closed-loop insulin delivery in children and adolescents with type 1 diabetes: a phase 2 randomised crossover trial", *The Lancet,* vol. 375, pp. 743-751, 2010.
[102] R. Hovorka, F. Shojaee-Moradie, P. V. Carroll, L. J. Chassin, I. J. Gowrie, N. C. Jackson, *et al.*, "Partitioning glucose distribution/transport, disposal, and endogenous production during IVGTT", *American Journal of Physiology-Endocrinology and Metabolism,* vol. 282, pp. E992-E1007, 2002.

[103] B. Kovatchev, C. Cobelli, E. Renard, S. Anderson, M. Breton, S. Patek, *et al.*, "Multinational study of subcutaneous model-predictive closed-loop control in type 1 diabetes mellitus: summary of the results", *Journal of Diabetes Science and Technology,* vol. 4, pp. 1374-1381, 2010.

[104] B. P. Kovatchev, E. Renard, C. Cobelli, H. C. Zisser, P. Keith-Hynes, S. M. Anderson, *et al.*, "Feasibility of outpatient fully integrated closed-loop control", *Diabetes Care,* vol. 36, pp. 1851-1858, 2013.

[105] L. Magni, D. M. Raimondo, L. Bossi, C. Dalla Man, G. de Nicolao, B. Kovatchev, *et al.*, "Model predictive control of type 1 diabetes: an in silico trial", SAGE Publications, 2007.

[106] E. Dassau, H. Zisser, R. A. Harvey, M. W. Percival, B. Grosman, W. Bevier, *et al.*, "Clinical evaluation of a personalized artificial pancreas", *Diabetes Care,* vol. 36, pp. 801-809, 2013.

[107] S. D. Patek, L. Magni, E. Dassau, C. Karvetski, C. Toffanin, G. de Nicolao, *et al.*, "Modular closed-loop control of diabetes", *IEEE Transactions on Biomedical Engineering,* vol. 59, pp. 2986-2999, 2012.

[108] S. J. Russell, F. H. El-Khatib, D. M. Nathan, K. L. Magyar, J. Jiang, and E. R. Damiano, "Blood glucose control in type 1 diabetes with a bihormonal bionic endocrine pancreas", *Diabetes Care,* vol. 35, pp. 2148-2155, 2012.

[109] M. Percival, Y. Wang, B. Grosman, E. Dassau, H. Zisser, L. Jovanovic, *et al.,* "Development of a multi-parametric model predictive control algorithm for insulin delivery in type 1 diabetes mellitus using clinical parameters", *Journal of Process Control,* vol. 21, pp. 391-404, 2011.

[110] P. Dua, F. J. Doyle, and E. N. Pistikopoulos, "Model-based blood glucose control for type 1 diabetes via parametric programming", *IEEE Transactions on Biomedical Engineering,* vol. 53, pp. 1478-1491, 2006.

[111] R. A. Harvey, E. Dassau, W. C. Bevier, D. E. Seborg, L. Jovanovic, F. J. Doyle III, *et al.*, "Clinical evaluation of an automated artificial pancreas using zone-model predictive control and health monitoring system", *Diabetes Technology & Therapeutics,* vol. 16, pp. 348-357, 2014.

[112] B. Grosman, E. Dassau, H. C. Zisser, L. Jovanovic, and F. J. Doyle III, "Zone model predictive control: a strategy to minimize hyper-and hypoglycemic events", *Journal of Diabetes Science and Technology,* vol. 4, pp. 961-975, 2010.

[113] R. A. Harvey, E. Dassau, H. Zisser, D. E. Seborg, L. Jovanovic e F. J. Doyle III, "Design of the health monitoring system for the artificial pancreas: low glucose prediction module", *Journal of Diabetes Science and Technology,* vol. 6, pp. 13451354, 2012.

[114] M. Breton, A. Farret, D. Bruttomesso, S. Anderson, L. Magni, S. Patek, *et al.*, "Fully integrated artificial pancreas in type 1 diabetes", *Diabetes,* vol. 61, pp. 2230-2237, 2012.

[115] B. P. Kovatchev, M. Breton, C. Dalla Man e C. Cobelli, "In silico preclinical trials: a proof of concept in closed-loop control of type 1 diabetes", ed. SAGE Publications Sage CA: Los Angeles CA 2009: SAGE Publications Sage CA: Los Angeles, CA, 2009.

[116] Centro de Controlo de Doenças, 2011. Ficha informativa nacional sobre a diabetes: Estimativas nacionais e informações gerais sobre diabetes e pré-diabetes nos Estados Unidos, CDC, 2011, disponível em: https://www.cdc.gov/diabetes/pubs/pdf/ndfs_2011.pdf [Acedido em: 08/06/2017].

[117] G. Freckmann, S. Hagenlocher, A. Baumstark, N. Jendrike, R. C. Gillen, K. Rossner, *et al.*, "Continuous glucose profiles in healthy subjects under everyday life conditions and after different meals", *Journal of Diabetes Science and Technology,* vol. 1, pp. 695-703, 2007.

[118] K. Atsumi e F. Kajiya, *Medical engineering in Japan: Research and development*: Springer Netherlands, 2012.

[119] Spirit Healthcare, 2014. The CareSens N POP Blood Glucose Monitoring System, disponível em: http://www.spirit-healthcare.co.uk/site/wp- content/uploads/2014/10/CareSens-N-POP-User-Manual.pdf [Acedido: 29/05/2017].

[120] J. D. Weaver, D. M. Headen, J. Aquart, C. T. Johnson, L. D. Shea, H. Shirwan, *et al.*, "Vasculogenic hydrogel enhances islet survival, engraftment, and function in leading

extrahepatic sites", *Science Advances,* vol. 3, p. e1700184, 2017.

[121] J. Woodfield, 2017. New islet cell transplantation technique could boost cell survival rate in type 1 diabetes, the global diabetes community UK, disponível em: http://www.diabetes.co.uk/news/2017/jun/new-islet-cell-transplantation-technique- could-boost-cell-survival-rate-in-type-1-diabetes-92123748.html?utm_source=Communicator&utm_medium=Email&utm_content=Untitled20&utm_campaign=The+future+of+diabetes+after+this+election&utm_dispatch%20ID=5509674&utm_email%20name=DCUK+NL+-+06%2f06%2f17 [Acedido: 07/06/2017].

[122] Serviço Nacional de Saúde, 2016. Quem pode fazer um transplante de pâncreas?, disponível em: http://www.nhs.uk/Conditions/pancreastransplant/Pages/Whyitisused.aspx [Acedido: 19/02/2017].

[123] R. Hovorka, K. Kumareswaran, J. Harris, J. M. Allen, D. Elleri, D. Xing, *et al.*, "Overnight closed loop insulin delivery (artificial pancreas) in adults with type 1 diabetes: crossover randomised controlled studies", *British Medical Journal,* vol. 342, p. d1855, 2011.

[124] H. R. Murphy, D. Elleri, J. M. Allen, J. Harris, D. Simmons, G. Rayman, *et al.*, "Closed-loop insulin delivery during pregnancy complicated by type 1 diabetes", *Diabetes Care,* vol. 34, pp. 406-411, 2011.

[125] H. R. Murphy, K. Kumareswaran, D. Elleri, J. M. Allen, K. Caldwell, M. Biagioni, *et al.*, "Safety and efficacy of 24-h closed-loop insulin delivery in well-controlled pregnant women with type 1 diabetes," *Diabetes Care,* vol. 34, pp. 2527-2529, 2011.

[126] P. Choudhary, J. Shin, Y. Wang, M. L. Evans, P. J. Hammond, D. Kerr, *et al.*, "Insulin pump therapy with automated insulin suspension in response to hypoglycemia", *Diabetes Care,* vol. 34, pp. 2023-2025, 2011.

[127] T. Danne, O. Kordonouri, M. Holder, H. Haberland, S. Golembowski, K. Remus, *et al.*, "Prevention of hypoglycemia by using low glucose suspend function in sensor- augmented pump therapy", *Diabetes Technology & Therapeutics,* vol. 13, pp. 11291134, 2011.

[128] B. Buckingham, H. P. Chase, E. Dassau, E. Cobry, P. Clinton, V. Gage, *et al.*, "Prevention of noturnal hypoglycemia using predictive alarm algorithms and insulin pump suspension", *Diabetes Care,* vol. 33, pp. 1013-1017, 2010.

[129] B. Buckingham, E. Cobry, P. Clinton, V. Gage, K. Caswell, E. Kunselman, *et al.*, "Preventing hypoglycemia using predictive alarm algorithms and insulin pump suspension", *Diabetes Technology & Therapeutics,* vol. 11, pp. 93-97, 2009.

[130] R. Hovorka, L. J. Chassin, M. E. Wilinska, V. Canonico, J. A. Akwi, M. O. Federici, *et al.*, "Closing the loop: the adicol experience", *Diabetes Technology & Therapeutics,* vol. 6, pp. 307-318, 2004.

[131] J. El-Youssef, J. R. Castle, D. Branigan, R. Massoud, M. Breen, P. Jacobs, *et al.*, "A controlled study of the effectiveness of an adaptive closed-loop algorithm to minimize corticosteroid-induced stress hyperglycemia in type 1 diabetes", *Diabetes Technology and Therapeutics,* vol. 15, 2013.

[132] Universidade de Cambridge, 2015. World first for artificial pancreas team, disponível em: http://www.cam.ac.uk/research/news/world-first-for-artificial-pancreas-team [Acedido: 20/02/2017].

[133] P. M. Catalano, E. D. Tyzbir, N. M. Roman, S. B. Amini, and E. A. Sims, "Longitudinal changes in insulin release and insulin resistance in nonobese pregnant women", *American Journal of Obstetrics and Gynecology,* vol. 165, pp. 1667-1672, 1991.

[134] T. A. Buchanan, A. H. Xiang, R. K. Peters, S. L. Kjos, K. Berkowitz, A. Marroquin, *et al.*, "Response of pancreatic beta-cells to improved insulin sensitivity in women at high risk for type 2 diabetes", *Diabetes,* vol. 49, pp. 782-788, 2000.

[135] A. H. Xiang, R. K. Peters, E. Trigo, S. L. Kjos, W. P. Lee, e T. A. Buchanan, "Multiple metabolic defects during late pregnancy in women at high risk for type 2 diabetes", *Diabetes,* vol. 48, pp. 848-854, 1999.

[136] T. A. Buchanan, "Pancreatic B-cell defects in gestational diabetes: implications for the pathogenesis and prevention of type 2 diabetes", *The Journal of Clinical Endocrinology & Metabolism,* vol. 86, pp. 989-993, 2001.

[137] O. Langer, Y. Yogev, O. Most, and E. M. Xenakis, "Gestational diabetes: the consequences of not treating", *American Journal of Obstetrics and Gynecology,* vol. 192, pp. 989-997, 2005.

[138] C. A. Crowther, J. E. Hiller, J. R. Moss, A. J. McPhee, W. S. Jeffries, e J. S. Robinson, "Effect of treatment of gestational diabetes mellitus on pregnancy outcomes", *New England Journal of Medicine,* vol. 352, pp. 2477-2486, 2005.

[139] O. Langer, D. A. Rodriguez, E. M. Xenakis, M. B. McFarland, M. D. Berkus, e F. Arredondo, "Intensified versus conventional management of gestational diabetes", *American Journal of Obstetrics and Gynecology,* vol. 170, pp. 1036-1047, 1994.

[140] M. I. Schmidt, B. B. Duncan, A. J. Reichelt, L. Branchtein, M. C. Matos, A. C. e Forti*, et al.*, "Gestational diabetes mellitus diagnosed with a 2-h 75-g oral glucose tolerance test and adverse pregnancy outcomes", *Diabetes Care,* vol. 24, pp. 11511155, 2001.

[141] The Global Diabetes Community UK, 2017. Guide to HbA1c, disponível em: http://www.diabetes.co.uk/what-is-hba1c.html [Acedido: 04/06/2017].

[142] Sandwell and West Birmingham Hospitals NHS Trust, 2015. Oral Glucose Tolerance Test, disponível em: http://www.swbh.nhs.uk/wp-content/uploads/2012/07/Oral- Glucose-Tolerance-Test-ML4781.pdf [Acedido: 04/06/2017].

[143] Top Natural Remedies, 2016. Keep your pancreas healthy with these 5 plants, disponível em: https://topnaturalremedies.net/herbal-remedies/keep-pancreas-healthy-5- plants/ [Acedido: 18/02/2017].

Printed by Books on Demand GmbH, Norderstedt / Germany